A CRIAÇÃO DO
UNIVERSO

A criação do universo
Copyright © 2023 by W. P. Guzzi
Copyright © 2023 by Novo Século Editora Ltda.

Editor: Luiz Vasconcelos
Gerente Editorial: Letícia Teófilo
Coordenação Editorial: Driciele Souza
Revisão: Luciene Ribeiro
Diagramação: Marília Garcia
Capa: Ian Laurindo

Texto de acordo com as normas do Novo Acordo Ortográfico da Língua Portuguesa (1990), em vigor desde 1º de janeiro de 2009.

Dados Internacionais de Catalogação na Publicação (CIP)
Angélica Ilacqua CRB-8/7057

Guzzi, W. P.
A criação do universo / W. P. Guzzi -- Barueri, SP : Novo Século Editora, 2023.
208 p.

ISBN 978-65-5561-547-0

1. Espiritualidade 2. Criacionismo I. Título

23-4046   CDD-265

Índice para catálogo sistemático:
1. Espirituralidade

Impressão: Searon Gráfica

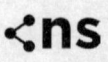

GRUPO NOVO SÉCULO
Alameda Araguaia, 2190 – Bloco A – 11º andar – Conjunto 1111
CEP 06455-000 – Alphaville Industrial, Barueri – SP – Brasil
Tel.: (11) 3699-7107 | E-mail: atendimento@gruponovoseculo.com.br
www.gruponovoseculo.com.br

W. P. GUZZI

A CRIAÇÃO DO UNIVERSO

A FÓRMULA QUE DESENVOLVEU O PROCESSO DA MANIFESTAÇÃO NOS DOIS MUNDOS: ESPIRITUAL E MATERIAL

São Paulo, 2023

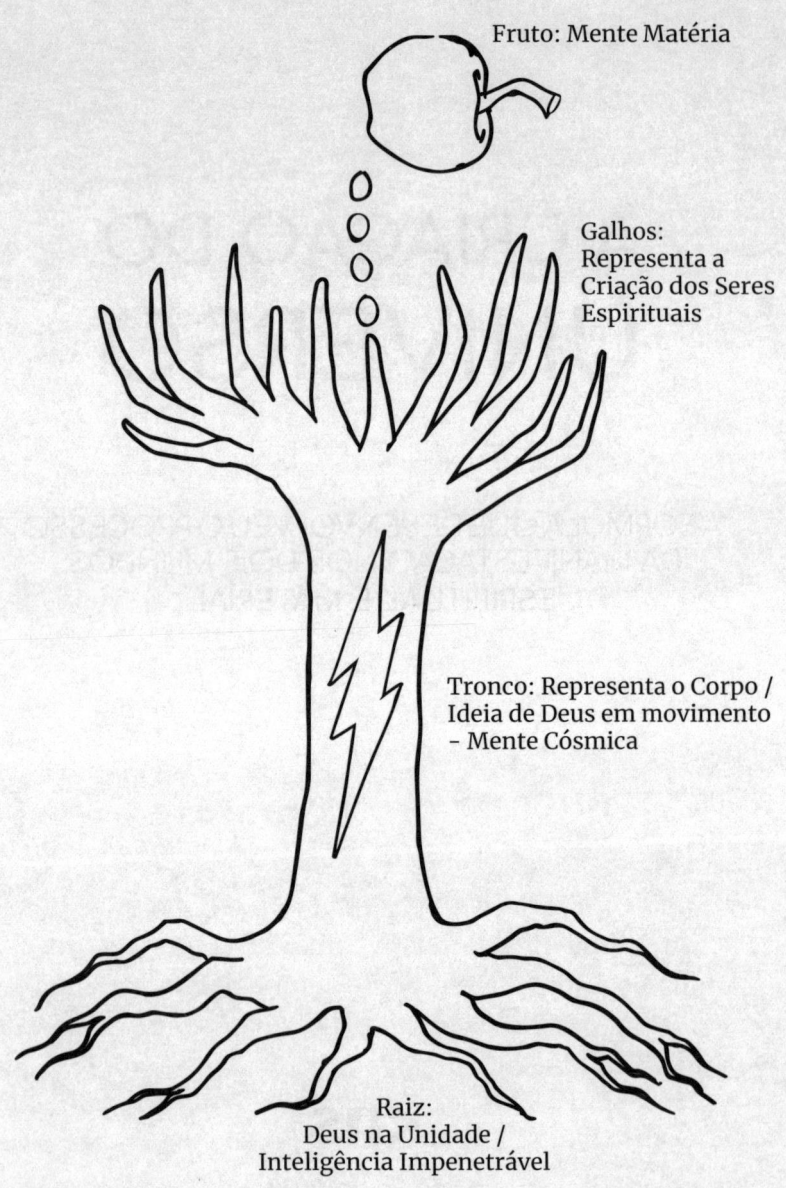

PREFÁCIO

"Eis uma obra de leitura com os olhos da Alma, e não com os olhos da Matéria."

Heverton Guzzi

O autor Waldemiro Pedro Guzzi é natural de Tangará, Santa Catarina. É o sétimo filho de uma família de dez irmãos descendentes de avós italianos que, ao chegarem no Brasil, se estabeleceram no Rio Grande do Sul, onde seus pais nasceram e migraram para o interior de Santa Catarina formando sua família.

Pai de três filhos e avô de três netos, sempre foi uma pessoa esforçada e trabalhadora, esposo respeitoso e amoroso, pai presente e dedicado, e avô paciente e carinhoso.

Sua formação acadêmica é na área contábil, porém fez toda a sua carreira trabalhando em âmbito comercial, fato que o ajudou, por meio do contato com diferentes pessoas e experiências, a ter um entendimento maior da complexidade humana e das leis da Natureza.

Atento ouvinte de todas as histórias contadas por seus familiares e amigos, sempre teve uma palavra de ajuda e consolo frente aos obstáculos que a vida lhes reservou.

Durante sua infância e adolescência, gostava de desenvolver brincadeiras com conteúdo de mistério e sobrenatural, que só veio a compreender depois de muitos anos. Na juventude, vivenciou duras experiências decorrentes de dificuldades materiais que o conduziram a indagações e questionamentos do "porquê" ou "para que" estava passando por tais provações, o que provocou incessantemente o seu eu interior em busca de respostas. Oriundo de uma família católica praticante, questionava alguns ensinamentos religiosos, buscando se aprofundar naquilo com que não concordava ou não entendia, a fim de responder os seus questionamentos.

Foi nesse cenário que se tornou um buscador infatigável do sentido e dos propósitos da vida. Assim, tornou-se há mais de quarenta anos um estudante de misticismo[1], buscando conhecer e compreender as leis da natureza que dão origem a tudo que foi criado.

O autor não está restrito a nenhum dogma ou crença religiosa e seu livro é fruto de anos de reflexões interiores e experimentos sobre as leis de Deus, da Natureza e da Vida.

"Caro leitor, esta é uma obra de leitura com os olhos da Alma, e não com os olhos da Matéria."

Wanderson, Heverton e Karen Guzzi .
Filhos

---

[1] Atitude essencialmente afetiva que dá prioridade às crenças intuitivas, que garantiriam revelações inacessíveis ao conhecimento racional.

PRÓLOGO

De que serve o mundo inteiro se você não conhece a si mesmo?

A coisa mais bela que podemos experimentar é o mistério, pois essa é a fonte de toda a arte e ciência verdadeira. Temos em nossa constituição psíquica a mesma energia do mundo espiritual, e nossa mente física tem os mesmos elementos químicos que formam as estrelas e os planetas. Somos filhos do Universo, macrocósmico, em sentido amplo, e filhos do sol e da terra em sentido estrito, microcósmico. O universo registrou nas profundezas de nossa mente os seus mais preciosos segredos que estão a nossa disposição nesses arquivos cósmicos.

E por que o ser humano teme tanto o desconhecido? Por que tanta ansiedade, tanta loucura, tanta insegurança? Será que estamos agindo e buscando o que queremos pelo caminho certo? E por que a humanidade colhe tanta infelicidade?

O grande atraso da humanidade se deve à sua ignorância espiritual que acaba mergulhada na superstição, procurando tudo fora de si, acreditando mais na palavra do outro do que na sua própria sabedoria; e tudo se faz em função do bem-estar do corpo, ignorando o bem-estar da alma.

Você tem o poder, acredite! Dê oportunidade ao desabrochar da sua sabedoria interior, pois você é a joia de Deus, mesmo vivendo atualmente em um plano de consciência imperfeito. Temos sobre nossos ombros a responsabilidade de elevar a consciência da matéria e de todas as mentes deste plano vibratório ao seu devido lugar; e esse lugar é o plano vibratório espiritual, queira ou não, seja você culto, sábio ou leigo. Você é um centro gerador das leis do Universo, e a sua grande missão é dar continuidade à grande obra de Deus – para que um dia o Todo volte a ser puro e harmonioso e, então, a paz, a alegria e a felicidade voltarão a reinar novamente com os SERES, como era no princípio.

PRIMEIRA PARTE

MUNDO ESPIRITUAL

Ouvimos muito a respeito de Deus, de que Ele criou e mantém todas as coisas, e de que é bom, justo e ajuda o ser humano a superar seus problemas. Que Deus é onisciente, onipotente e onipresente.

Contudo, ainda não ouvimos ninguém dizer que já tenha visto Deus! Portanto, quem é Deus?

No Evangelho de João, consta:

> No princípio era o Verbo, e o Verbo estava com Deus, e o Verbo era Deus.
> Ele estava no princípio com Deus.
> Todas as coisas foram feitas por Ele e, sem Ele, nada do que foi feito se faria.
> Nele estava a vida, e a vida era a luz dos homens.
> E a luz resplandeceu nas trevas, e as trevas não a compreenderam (Jo 1, 1-5).

Por mais cético que alguém seja, não pode ignorar a sua existência como ser vivo consciente da sua própria existência, como também não pode ignorar a existência do Universo e de suas produções.

Se existimos, é porque houve um processo gerado e determinado por Deus ou por uma inteligência viva, transcendente, onisciente, onipotente e onipresente, que determina e governa por meio de leis absolutas e imutáveis, além de ter forças potenciais que criam e governam tudo por intermédio de um sistema produtor da fórmula do Universo infinito e finito.

Mas, o que é Deus, como Ele se manifestou e se manifesta? Como Ele mantém o Universo pulsando e existindo com essa fórmula?

Não sei nada de Deus e nunca vou saber; só sei que Ele se manifestou pela fórmula da Mente, e sei que eu estava nesse modelo no princípio, pois me foram outorgadas as prerrogativas de compreender Sua manifestação. Isso porque todos os seres inteligentes são constituídos de faculdades que os auxiliam no entendimento do processo de desenvolvimento a partir do "movimento" ou "Logos",[2] no princípio da manifestação do Seu desejo.

A partir desse brotar da ideia, originou-se o mundo manifesto **espiritual** e, por causa do pensamento que desencadeou a força de causa e efeito, teve origem o plano vibratório do mundo **material**, no qual ambos fazem parte do Todo dentro da manifestação, a qual representa o pulsar do Corpo de Deus vivo manifesto, invisível e visível.

Este trabalho foi desenvolvido por intermédio de uma visão mística para demonstrar o esqueleto da construção e da estrutura do processo da Manifestação desejada por Deus, que se desencadeou por meio das forças potenciais inseridas nas leis.

As leis de Deus representam o Logos em pleno movimento, desdobrando todo o potencial de um processo imaginado por Ele no início da criação. A partir desse movimento, a ideia ganhou vida e forma na mente consciente, tanto da base da existência como da consciência da vida. E assim se manifestou o universo inanimado e animado, tanto no âmbito invisível como no visível, em que a inteligência colocada em ação se submete ao princípio das leis, dando origem à vibração e desencadeando a lei do triângulo e dos opostos.

---

[2] Logos. Sm. 1. Fil. Razão. 2.Fil. Princípio supremo que rege o universo.

A partir da ideia lançada, a forma foi se construindo conforme pensado na unidade por Deus. Enquanto a ideia existir somente na unidade, para nós, é um nada, pois quando não há manifestação aparente, a nossa percepção não detecta nada; mas foi dessa "inteligência do nada" que tudo surgiu e Deus se fez onisciente, pois Deus é uma inteligência.

Então como foi que tudo aconteceu? Como foi se desenvolvendo esse processo, tendo Deus onipresente fora de Si ou da unidade? Como compreender, à luz da sabedoria, esse mistério?

Estando Deus na Sua onisciência, onipotência e unidade, deseja desenvolver Seu plano de ação em um processo que qualifica Sua ideia na forma vibratória emanada de Si, e que passa a dar forma tridimensional para Sua própria ideia. A ideia divina passa a se manifestar em todos os níveis e planos com consciência na forma de mente criada, a qual manifesta a inteligência, que gera um estado pensado em movimento.

No processo do despertar da Inteligência para um mundo vibratório imaterial e invisível começa o movimento que gera uma inflamação do Seu Espírito, no qual a ação desperta as propriedades e qualidades do Seu desejo. Nasce, então, o estado vibratório em que se inicia o *fiat*, o "faça-se", o Logos manifesto pelo desejo de Si, surgindo uma geração, uma consciência vibratória de mundo espiritual, material e de estado e vida, que começa a fazer parte do Todo além da unidade.

O processo de Deus passa a se manifestar pelo movimento vibratório de Suas próprias leis, as quais carregam em si as qualidades, atributos e funções que elas representam e as permitem executar as ações. Surge, assim, o mundo manifesto, desenvolvido por intermédio do potencial das leis, as quais determinam o modelo de tudo que existe, tanto no mundo invisível como no visível.

Os seres humanos, com a sua estrutura, são provenientes desse processo, em que representam e caracterizam a semelhança da forma da manifestação desejada por Deus no princípio. A humanidade é a semelhança da manifestação, pois Deus é uma inteligência sem forma que não ocupa espaço nem tempo e está no mesmo momento em toda parte por intermédio da vibração de suas leis, regidas pela inteligência da Providência "Deus".

Para compreendermos a Manifestação de Deus, é necessário primeiramente compreendermos as qualidades, atributos e funções das 7 leis primárias absolutas, as quais subsistem por si próprias, já que elas estão unidas diretamente à unidade Deus. As leis representam o primeiro desejo de Deus em movimento, o "logos" ou como diz a religião, os sete dias que Ele levou para realizar a criação. Deus não tem corpo físico nem mãos para construir Sua obra, por isso delegou forças e funções às leis.

As Leis de Deus não tiveram início e não terão fim, pois elas representam a inteligência divina, sua raiz estará sempre ligada à inteligência da base em que recebem as forças potenciais que brotam de dentro de si para fora. Elas não têm ruptura ou sequências, mas sim uma energia inteligente na forma contínua. Esse princípio estende-se na manifestação para sempre com a função de exercer e executar o pensamento de Deus, por intermédio das energias e das forças determinadas para cada uma delas. Portanto, as leis criaram e geraram a manifestação, extraindo do nada e dando forma, por intermédio da geração da mente, à criação e à vida, ideias de Deus.

Essas leis passam então a dar movimento às suas qualidades, atributos e funções externando sua inteligência e dando consistência ao processo desejado no princípio. As 7 leis são: **Pensamento, Espírito, Vibração, Sabedoria, Vida, Amor e Alma**.

A primeira lei é o próprio **Pensamento da inteligência de Deus**. Esse pensamento age sobre sua própria essência gerada do seu centro/unidade. A inteligência do pensamento desencadeia o desejo, transformando-o em movimento, surgindo daí o ternário que dá a propagação contínua da vibração da essência manifestada, na qual o desejo e a inteligência do pensamento movimentam a lei Vibração, criando a energia do espírito e saindo desta união a fórmula do início da sua base ou solo, além da unidade.

A segunda lei de energia em movimento é a inteligência do **Espírito de Deus**. Essa lei compõe e carrega em sua função a essência de todas as essências que formam, moldam, o eterno corpo consciente de tudo que existe na manifestação, como também o que não existe. Assim a energia da essência converte-se em vibração primária que se transforma em substância invisível, formando a base do corpo de Deus em movimento. É como o solo de uma ideia, no qual tudo passa e dele flui. É nele, "Deus", que tudo brota, a lei Espírito é o sopro de Deus, o "Logos" manifesto. A palavra espírito, empregada aqui, quer dizer estado vibratório de substância invisível e não tem nada a ver com o conceito ou o entendimento religioso dessa palavra.

A terceira lei é a própria essência da inteligência ou ideia transformando-se em **Vibração**. Essa lei tem a finalidade de externar o pensamento e o desejo de Deus, dando uma dimensão e uma propagação dual sutil do processo em movimento sem opostos aparentes, ou seja, a força da lei converge para o mesmo propósito, pois não há ainda substância, apenas a qualidade da lei. A lei exerce sua qualidade, que é o pulsar primário da lei Espírito na forma contínua, ou seja, é uma energia da polaridade da manifestação, que não tem partícula na sua formação como essência da substância vibratória; é a energia contínua diferente de como se apresenta no momento da criação do mundo material. Isso vale também para as demais leis primárias.

Perfazendo, assim, essas três leis primárias – **Pensamento, Espírito e Vibração** – que passam a dar sentido ao desejo de Deus em movimento além da unidade, fonte ou origem.

A Onisciência, Onipotência e Onipresença de Deus passam a participar no movimento desejado. E com o afluxo das demais leis que também passam a ter movimento, a manifestação adquire a dimensão de inteligência manifestada com funções determinadas. As leis não estão separadas em manifestação, mas apenas as potências das qualidades e funções é que diferenciam sua ação. A definição coloca pensamento, espírito e vibração em via de ordem, e serve apenas para diferenciar a qualidade e a função de cada uma dessas três primeiras leis, pois elas não têm ordem de grandeza, todas são e estão na mesma frequência e proporção na formação deste primeiro embrião da manifestação.

Na sequência veremos as outras quatro leis primárias que se juntam às três primeiras para dar continuidade ao processo da manifestação a fim de completar o desejo inicial da inteligência em movimento e criar a forma. A forma do desejo só tem a si mesma, e, ao mesmo tempo, busca um modelo.

A quarta lei é a energia da inteligência chamada **Sabedoria**. Essa lei carrega a função da qualidade da forma, para moldar e empreender todas as produções da manifestação conforme o plano desejado no início pela inteligência e criando um modelo. No entanto, ela funciona como organizadora da manifestação reunindo as demais leis, salientando a forma e os atributos do propósito de cada nível, estado ou vida, e mantendo o equilíbrio do Universo. Está inserida nela também a essência da memória representada pela Providência.

No plano material, a lei Sabedoria molda as estruturas dos elementos, volume, tempo, espaço, rotação da ordem planetária e as produções vivas conforme a necessidade de subsistirem e manterem o equilíbrio e a ordem, como também o bem-estar da forma das produções animadas e a manutenção da base inanimada que representa a força dos opostos e a do equilíbrio que sustenta a subsistência do todo em qualquer nível e lugar do Universo.

A quinta lei é a energia da inteligência **Vida**, processo químico espiritual inserido em todo o processo da manifestação. Essa lei tem a finalidade de formar consciências individualizadas dentro de uma mente única no Universo. Ela determina ainda a subdivisão das formas com inteligência do seu estado de ser, reunindo as qualidades das demais leis primárias básicas para formar uma mente com funções e poderes próprios.

Sua função é criar as manifestações vivas geradoras de si, ou seja, aquelas que têm mente e consciência de seu estado e de sua espécie tanto na mente-mãe como na individual.

Nesse estágio da lei, devemos entender a Lei Vida como a geradora de vida no estado que antecede a Vida em si, e não a Vida como ela se apresenta nos seres vivos, mas sim na formação de sua mente e depois da manutenção da vida num corpo.

A sexta lei denomina-se energia da inteligência **Amor**. Deus, a partir de seu eterno corpo em movimento, empreende as mentes criadas no Universo que são centros geradores de suas próprias leis, onde o afluxo da energia Amor brota eternamente no coração de Deus. A energia amor é inserida na mente dos seres viventes para que eles tenham o privilégio de externarem por intermédio do seu pensamento a sublime lei do Amor.

Amor é a essência que determina a pureza e a bondade de Deus. Essa lei tem a função de manter as mentes individualizadas unidas entre si externando o amor da luz de Deus. A função da energia Amor faz com que essas mentes contemplem o desejo de Deus com ternura, bondade e gratidão em si própria e no seu convívio com os outros e com a natureza.

Porque Amor é o extrato de Deus sem substância de algo, mas que contêm a beleza, a pureza do belo, a energia que molda, transforma e une as produções do Universo no mesmo sentimento a todos os seres criados.

É a razão primordial do porquê temos que pensar e externar nossos pensamentos sempre na direção do amor divino, pois somos a extensão e os geradores do amor de Deus.

A sétima e última lei primária que completa o desejo de Deus manifesto é a própria inteligência da **Alma de Deus**, que também é eternamente gerada no centro Divino de onde provém o próprio desejo de Deus, dando forma e propriedade à natureza fundamental da Vida. A Alma representa as qualidades de todas as essências das leis primárias de Deus, que é o afluxo de Si mesmo; em outras palavras, é Deus presente em tudo que existe com propriedade que dá forma e percepção divina ao Universo vivo pulsante. A Alma no homem toma uma forma de personalidade-alma, em função do seu centro gerador consciente de si regido pela lei vida, dando a impressão de ser uma individualidade-alma; no entanto, é apenas sua expressão no ser, individualizada com suas qualidades peculiares inatas. Ao mesmo tempo, o ser humano mantém em si e manifesta a essência da alma Divina além da sua própria personalidade-alma.

A base do início da manifestação se apresenta com a forma das qualidades e a função das 7 leis primordiais apresentadas, que podemos entender como os sete dias da criação ou sete forças básicas de Deus manifestadas, que saíram da "unidade" ou origem pela vontade de Deus, e que passaram a dar uma forma vibratória tridimensional do corpo de Deus em movimento e transformando-se numa poderosa mente com o propósito de dar seguimento à obra de Deus, que conhecemos como Mente Cósmica consciente. A partir dessa primeira mente consciente, tudo surgiu e se formou.

Esse processo desencadeador da manifestação só foi possível porque houve a junção das 7 leis Primordiais que passaram a vibrar em uníssono fora da unidade, dando início ao processo do movimento do desejo de Deus. Uma ideia, por exemplo, não depende de tempo, espaço ou volume; mas, reunindo a força das qualidades inseridas pelas 7 leis, que passam a executar suas forças, toma a forma pensada sem perder a qualidade original das leis. É como os nossos pensamentos, que afluem da mente, mas esta não perde sua unidade e a sua maneira de ser.

No momento em que as qualidades dessas 7 leis passam a vibrar juntas, unindo suas essências num mesmo movimento, ou seja, numa mesma frequência vibratória, mas mantendo sua qualidade, criando assim um centro que gera uma nova forma, um novo nível, um novo estado de consciência, surge então uma mente deste estado ou base.

Essa união representa as potencialidades das energias das leis primárias exercendo suas funções, criando e gerando uma consciência de si, ou deste nível ou estado, surgindo daí o nível da consciência cósmica manifestada, ou seja, a consciência no estado de movimento fora da unidade de Deus.

Por exemplo, cada nota musical tem a qualidade de seu som e sua vibração própria, mas quando tocadas juntas, as notas passam a produzir um som específico e uma nova vibração, que representa as qualidades de cada uma em uníssono, dando origem a um novo som. O som individual não deixou de existir, mas ao mesmo tempo surge outro estado vibratório que muda a frequência da vibração e a percepção do som. Esse exemplo nos dá a ideia de como surgiu a Mente Cósmica.

Surgindo desta mente a inteligência manifestada da força e do propósito das leis, a chamamos mente Cósmica com consciência de seu propósito. Observe-se, no entanto, que as séries de notas musicais são representadas por 7 notas básicas e 12 sons, e 12 são as qualidades também da manifestação do mundo espiritual que serão definidas mais à frente.

> SIGNIFICADO DE MENTE
>
> "A mente é formada pela inteligência das sete leis primárias de Deus no processo em movimento, no qual as leis externam as qualidades inatas de seus propósitos, surgindo daí a mente consciente de si, tanto em uma consciência animada como em uma inanimada."

Essa mente passa a existir como algo próprio vibrando fora da "unidade" ou origem, e ao mesmo tempo a unidade está representada pela vibração da individualidade das leis em movimento e que não deixa de ser o todo, constituindo assim a "Mente Cósmica".

A Mente Cósmica passa a existir a partir dessa junção ou união das leis vibrando em uníssono, porque enquanto não houver a junção das leis elas estarão na unicidade, o pensamento de Deus estando na unidade não há movimento e não havendo movimento não há manifestação. Portanto, como houve o movimento, surgiu desse processo um corpo, formando o mundo vibratório consciente.

SIGNIFICADO DE CONSCIÊNCIA

"Consciência é a essência da mente que potencializa as qualidades e funções das leis primárias em movimento, no qual dão sentido de consciência e qualificam algo da manifestação, invisível ou visível."

Nos livros sagrados, e mesmo entre os sábios do passado e do presente, sempre se falou que o ser não teve começo como também não terá fim. A criação existe e está visível aos nossos olhos, principalmente a criação material e o homem físico, com começo e fim.

Então como justificamos a morte do corpo do homem ou de qualquer outro ser? Para entender esse antagonismo, de começo e fim, ele deve ser visto de duas maneiras, pois ambas têm sua razão. As essências quando analisadas como forças potenciais, em que se encontra toda a inteligência da ideia inicial, não foram criadas, porque sempre existiram e sempre existirão, como também a essência dos elementos e a dos seres sempre existiram, visto que elas estão inseridas na potencialidade das leis, bem como a essência da vida.

Por analogia, podemos citar como exemplo um arquiteto que, quando idealiza um edifício, a ideia está nele; assim que ele a colocar no papel e então construir o edifício, sua ideia passa de um desejo para um fato, a ideia tomou forma e é uma criação real. A construção um dia terá fim, enquanto a ideia permanece para sempre. Assim, nossa mente criou um corpo físico que um dia terá fim, enquanto a essência do nosso ser idealizado por Deus permanecerá e existirá para sempre.

Assim que a junção das leis aconteceu, o processo da manifestação de Deus passou a existir na forma, ou seja, com uma estrutura que deu consistência à existência além da potencialidade das leis, que foi a formação da primeira mente que conhecemos como Mente Cósmica. A partir daí todas as produções do Universo passaram a ser entendidas como a criação de Deus; no entanto, a inteligência ou ideia que criou o todo é eterna, sem começo e sem fim. Por outro lado, a matéria inanimada, como também as suas produções, que são os seres viventes na matéria, têm começo e fim. E ao término de sua existência permanece apenas o seu registro na memória da Providência. Sabemos que não existe só o que conhecemos, existe algo além da nossa percepção sensorial e mental; a força da Providência é uma mente inteligente que coordena tudo.

O processo da criação continua se desencadeando no mundo superior por intermédio da força e da inteligência da mente Cósmica juntamente às leis em que passam a exercer seu propósito, criando e desenvolvendo a formação dos **Níveis de Consciência**, atribuindo aos níveis a grande função e a missão de disciplinar e dar sentido à manifestação do propósito das leis primárias em movimento, pois eles têm a força das leis unidas entre si por intermédio da formação da primeira mente, na qual é outorgado o poder da formação da mente-mãe de cada um. A mente-mãe dos níveis contém em sua formação todos os atributos e funções que vão desabrochar de dentro de Si, dando forma e sentido ao plano de Deus.

Cada nível tem uma função no esquema da manifestação que funciona harmoniosamente com laços de ligação de propósitos entre um plano e outro, obedecendo sempre à vontade do nível ou ao plano superior, mas modificando o nível de vibração e as formas manifestadas conforme as atribuições do seu nível, seguindo o objetivo desejado no princípio.

A estrutura dos níveis de consciência se apresenta na forma de geradores de sua própria mente consciente, ou seja, eles adquiriram uma mente-mãe consciente própria para desenvolver e gerar a qualidade do seu estado determinado pelo desejo de Deus, inserido na mente cósmica.

Os níveis desenvolvem suas funções e seus atributos num estado de consciência próprio em sua mente-mãe, onde funcionam como uma base ao solo consciente, que dá a sustentação ao seu próprio movimento que é o plano de Deus dando forma ao mundo espiritual. Em outras palavras, esses níveis funcionam como os órgãos de um ser vivo. E apesar de cada órgão de um ser vivo exercer sua função independentemente do outro, por outro lado, existe essa dependência para subsistir e formar o todo do corpo; quando um deixa de funcionar o corpo entra em colapso. Portanto, esses níveis funcionam harmoniosamente e mantêm o equilíbrio da criação como fazem os órgãos do nosso corpo. A energia e a consciência de cada nível está presente em tudo no grande Universo, e a partir da criação desse primeiro centro disciplinador, surgem todos os demais níveis subsequentes existentes na manifestação, e cada nível exerce sua função de propósitos, seja na criação da mente-mãe inanimada ou animada, que são os centros geradores do Universo sustentados pela formação destas mentes-mães.

Três níveis processam, criam, geram e têm uma mente consciência própria do seu estado, enquanto nos outros dois níveis a mente consciência é gerada direta e continuamente do próprio coração de Deus ou inteligência na unidade, ou seja, sua ligação está conectada diretamente à fonte da unidade.

Todos os níveis funcionam em conformidade um com o outro, e operam para manter a junção da estrutura manifestada na forma que gerou o Universo nos dois planos. As forças potenciais das leis formaram os cinco grandes níveis, tendo em sua base uma mente consciente que opera *por* si e *em* si, pois ela contém em sua estrutura todos os requisitos desejados da manifestação, que perduram e perdurarão por toda a eternidade.

Tudo pertence a Ele, tudo vem Dele e movimenta-se em Sua direção. Se Ele separasse as energias do processo da formação do Universo na forma de mente criada pela junção das leis, ainda que apenas por um piscar de olhos, no mesmo instante o mundo manifestado desapareceria, voltaria a ser unidade novamente e a manifestação cessaria de modo instantâneo nos dois mundos, tanto material como espiritual. Lembrando que o mundo material se deu pela separação do fruto da árvore, no entanto essa mente está fora da realidade primeira. Ainda assim Deus acolheu essa extra geração em seu seio, mesmo sendo uma vibração dissonante. Explicarei mais adiante como isso aconteceu. O mundo só pode existir porque Ele o conserva e o vigia por intermédio de suas leis continuamente; o desejo inicial se faz presente na forma desejada no princípio por intermédio da vibração contínua, permanente e eterna. Caso Ele deixasse de vigiar sua manifestação, seria como a incineração da manifestação, tudo voltaria a ser nada. Enquanto o processo desejado no princípio existir, a manifestação existirá e se desenvolverá por intermédio da organização da ideia lançada no início e será regida pelos cinco níveis de consciência, como veremos a seguir.

A ESTRUTURA E A FÓRMULA DESENVOLVIDA PELOS CINCO NÍVEIS DE CONSCIÊNCIA

A partir deste estágio, a verdadeira manifestação e criação de Deus começa. A criação na forma inteligente pelo surgimento dos seres viventes, até então foi a preparação do solo, da base para a formação do corpo de Deus manifesto, que se deu por intermédio da organização das leis, no qual elas passaram a externar sua inteligência, surgindo a Consciência Cósmica amparada pela Providência Divina.

O movimento do desejo de Deus continua gerando suas formas e ele se manifesta por intermédio de Emanação, colocando seu Amor na essência dos seres criados, visto que é por intermédio dos níveis de consciência que Ele manifesta seu amor, criando três gerações de seres espirituais que darão continuidade à Sua obra, na forma trina, conforme a lei do triângulo.

PRIMEIRO NÍVEL – PENSAMENTO TOMANDO FORMA

No **primeiro nível** gerador consciente, é o próprio "**Pensamento de Deus em ação**", no qual Ele arquiteta e passa a dar movimento à Sua ideia formando, assim, a primeira vibração consciente além da unidade ou origem na forma de inteligência; é o embrião sendo alimentado pelo seu desejo que manifesta a qualidade e as funções da potencialidade das leis. Deus, neste estágio, opera por Si e em Si, no qual Sua ideia passa a projetar a manifestação na forma vibratória conforme desejado no Fiat (Logos), e que alimenta e determina o propósito outorgando poderes e funções aos níveis subsequentes.

Esse primeiro embrião exerce a função de oxigenar a Providência em movimento levando a inteligência aos níveis seguintes, como faz a nossa respiração – ela energiza e vitaliza todo o nosso organismo indistintamente das partes. Nesse estágio sua ideia de manifestação vibra como algo vivo, projetando e direcionando a inteligência aos próximos níveis.

SEGUNDO NÍVEL – A EMANAÇÃO

No **segundo nível** de consciência é o pensamento de Deus criando a "**Emanação**", portanto é o momento em que o desejo inicial passa a manifestar algo pensado a fim de gerar a vida além da ideia, criando o primeiro nível de consciência gerador de Si, que são os seres em desenvolvimento. Nesse estado, eles ainda estão sem consistência de algo formado, apenas pensados; nele começa o desenvolvimento da forma, o embrião dos seres espirituais com mente consciente, determinando a sua função no esquema da manifestação, em que são nomeados construtores do desenvolvimento da obra de Deus. Neste nível, é o embrião da vida espiritual se desenvolvendo e se transformando para criar sua mente consciente de si e manifestar tudo que Deus pensou, imaginou e idealizou na manifestação de vida. Essa fórmula de vida pensada continua se desenvolvendo nos demais níveis subsequentes, nos quais os seres receberão em sua mente as demais energias de consciência completando a fórmula dos seres espirituais com consciência plena da sua existência. Neste nível, a luz de Deus se faz presente na fórmula do embrião da vida, é a emanação manifestada vivente; portanto, aqui, a ideia foi concretizada surgindo o ser pensado, pelo fato de estar ainda sem a sua forma estrutural plena que será completada nos próximos níveis. Neste estágio do desenvolvimento dos seres pensados é a luz do ser em ação assumindo os designíos de Deus. Deus criou a Emanação com o propósito e a função de desenvolver as produções com inteligências vivas agindo por si, nas quais elas passam a ter suas forças potenciais próprias, que agem em conformidade com as leis primárias, comandando-as e direcionando-as para que elas executem a obra de Deus comandada por intermédio da mente-mãe dos seus níveis.

Esses níveis passam a desenvolver a sua própria consciência manifestada com suas propriedades e atributos e com funções a serem executadas.

Nessa etapa, se desenvolve a própria mente-mãe coletiva dos seres espirituais, surgindo e saindo dessa estrutura as mentes individualizadas que operam em conjunto, pois o pensamento deles é uniforme ao propósito da Emanação, na qual eles mantêm a força potencial ativa, determinando e realizando o desejo e qualificando o propósito da criação na fórmula mente consciente.

Deus, então, nesses níveis, passa a operar por intermédio das potencialidades determinadas pelo seu desejo, por mentes conscientes geradoras de si, seres espirituais.

TERCEIRO NÍVEL – NATUREZA CELESTIAL

Seguindo o processo de reorganização da formação do mundo espiritual na fórmula viva, surge o **terceiro nível** consciente no processo em desenvolvimento; no entanto, este se refere ao segundo nível de consciência gerador de Si, passando a ter uma energia criadora do campo unificado de **natureza celestial**. A qualidade ou função nesse nível é realçar a forma manifestada do primeiro nível consciente de Si, e nesse estágio as forças potenciais tomam forma de seres espirituais representados pelas três classes ou tronos das Emanações de seres. É nesse nível que Deus passa a operar por meio da meditação criativa dessa mente-mãe inteligente, por intermédio de suas produções individualizadas de mentes que são precursores agentes da ideia divina, surgindo, então, a mente consciente da Vida individualizada no mundo espiritual. A partir desse estágio da criação é o Filho que assume os desígnios de Deus e da continuidade no desenvolvimento da obra idealizada por Deus no mundo espiritual.

QUARTO NÍVEL – CORPO PSÍQUICO OU ANGELICAL

O **quarto nível** de consciência é o estágio em que a forma dos seres espirituais criados já se encontra com uma estrutura perfeita, com todas as qualidades e atributos inseridos na sua mente e corpo, e tendo em sua base a estrutura do campo vibratório do corpo **Psíquico** pertencente à estrutura da consciência da mente-mãe **Angelical** que representa o terceiro nível de consciência gerador de Si. Esse desenvolvimento da estrutura do ser espiritual e do seu comportamento, fazendo uma analogia com o ser humano, seria como o de um bebê no ventre da mãe pouco antes de nascer; nesse momento o bebê está com a estrutura do seu corpo e mente completa, no entanto sua respiração, nutrição e existência dependem ainda da vida de sua mãe.

Contudo, no mundo espiritual, os seres foram gerados no ventre do corpo da Mente Cósmica, no momento da criação da Emanação, e vão permanecer eternamente com seu cordão umbilical atado ao ventre da mente-mãe espiritual. O ser espiritual neste nível tem a forma de um corpo psíquico invisível, com uma mente individual, e Deus age por intermédio do potencial da **força Angelical** e dos seres espirituais criados neste nível, que são geradores do **"Amor" divino inserido** neles. O poder da mente desses seres forma uma poderosa egrégora denominada pelas religiões como energia do Espírito Santo, e a força viva dessa energia espiritual é a que transcende para orientar os seres iluminados vivendo no mundo elemental. Neste estado, há uma inteiração de campos criados perfeitos entre os níveis manifestados na forma invisível (denominados pela fórmula de Dionísio de Principados, Arcanjos e Anjos) e sendo a egrégora dos seres que vivem no Paraíso, que têm acesso ao plano superior e o poder de receber e transmitir a energia de consciência do Espírito Santo aos seres humanos; estes, portanto, só passam a perceber esse estado vibratório quando atingem uma compreensão espiritual elevada, e é por intermédio de sua mente interior que percebem essa vibração sublime pela via da meditação ou dos sonhos. Os seres espirituais criados nesses três níveis desenvolveram-se conforme a forma inserida no desejo e na lei do triângulo, cabendo a cada classe desenvolver as funções estabelecidas e determinadas pela mente-mãe de cada nível, obedecendo à ideia pensada e inserida no primeiro nível, então os seres espirituais estão representados por classes, e cada uma desenvolve funções específicas que dão continuidade à obra de Deus no plano superior.

QUINTO NÍVEL - ALMA DE DEUS

O **quinto nível** é a própria **Alma** de Deus presente em todos os centros geradores conscientes da manifestação espiritual. Esse nível, como o primeiro, faz parte do **Pensamento** inicial que deu forma aos cinco níveis, que não são centros geradores de Si, porque sua propriedade e qualidade saem diretamente da unidade do coração de Deus, completando assim a perfeição dos seres espirituais criados pela mente do sistema espiritual. Deus então os inflama por intermédio do sopro de sua alma, inserindo neles e fazendo-Se presente por intermédio de sua Alma, glorificando as mentes espirituais, tornando esses seres centros geradores das leis primárias com consciência individualizada, e que representam a própria imagem manifesta de Deus.

Em outras palavras, esses seres espirituais contêm em sua estrutura todas as energias de níveis de consciência da manifestação de Deus do plano espiritual. Vemos, então, que todas as mentes criadas no mundo espiritual brotam da Mente Consciência Cósmica que fornece todos os atributos necessários para a criação da vida no mundo superior, fornecendo as energias para eles subsistirem e exercerem sua função para desenvolver com perfeição a obra de Deus pela graça do amor e da inteligência universal.

Toda a criação superior e suas mentes estão constituídas de hierarquias de corpo de consciência desenvolvido e arquitetado pela ideia do Criador.

A denominação "corpo de consciência" significa a unificação de energias das 7 leis primárias que passam a dar sentido quando a mente toma a forma de algo criado, bem como a todas as mentes criadas e todas as produções do Universo, com exceção da Mente Cósmica, que é a única mente formada da unidade e a que contém tudo que pertence à unidade. O restante da criação foi criado a partir da Mente Cósmica, portanto, todas as mentes existentes surgem desta mente Cósmica, elas só são possíveis de ser geradas em função da soma de vários níveis de consciência, ou seja, a formação de uma mente se traduz pela hierarquia de eus, ou acoplamento desses estágios de consciência, cujo resultado final é a formação de uma mente com um corpo consciente ou não, seja uma mente que dá o sentido de estado ou solo, ou de uma mente que dá o sentido na forma de algo vivo, ambas adquiriram um corpo próprio regido pela sua própria mente-mãe.

Na formação ou composição de um Ser espiritual, a partir de quando ele se torna uma mente com um corpo psíquico e com pensamento próprio, ele é composto de estados de consciência na formação desta mente, e consequentemente com a sua estrutura psíquica consciente de si, em que surge a unidade de um Ser individualizado no plano espiritual, que é o resumo de energias desta formação.

Resumo:

Primeiro: Ideia pensada por Deus

Neste nível, o ser espiritual na sua formação contém o estado vibratório de consciência do próprio Pensamento de Deus, que está inserido no desejo inicial da ideia que passa a arquitetar a formação da manifestação animada, é o princípio na forma dos seres viventes no mundo espiritual.

Segundo: Emanação de Deus

Neste estágio do desenvolvimento do ser, o pensamento embrionário toma forma de mente do ser criado na ideia, e dela surge o primeiro nível de consciência de si. A mente passa, então, a vibrar com consciência do seu estado, em que adquire as forças potenciais das leis e a inteligência da Emanação pensada por Deus. A mente do ser espiritual neste estágio se encontra em desenvolvimento das primeiras faculdades da estrutura do ser espiritual, na qual surgiu a ideia da forma de mente do corpo psíquico.

Terceiro: Corpo Mente de Natureza Celestial

Aqui estão reunidos os requisitos de inteligência e mentes dos dois níveis anteriores. Neste estágio do desenvolvimento do ser ele adquire a mente do estado vibratório de campos unificados, que é a consciência de energia criadora celestial que representa o segundo nível de consciência geradora de si, surgindo neste nível a forma em desenvolvimento num corpo psíquico que cria o ser espiritual.

Quarto: Corpo Psíquico Sutil Angelical

Os seres neste nível têm todas as energias de consciência dos níveis anteriores mencionados, mais a mente do estado vibratório de consciência Angelical em que os níveis das formas elaboradas se completam. Surge assim a perfeição do corpo psíquico, com o qual os Seres se tornam centros geradores das leis de Deus, que representa o terceiro nível de consciência gerador de si.

Portanto, nesse estágio, os Seres têm uma mente própria acompanhada de um corpo psíquico, dando-lhe a formação de um ser individual com todas as hierarquias de eus que o torna um ser na forma invisível espiritual, passando a ter as condições necessárias para executar individualmente a ideia inicial de Deus, e o propósito da grande obra do Criador.

Quinto: Energia Consciência da Alma de Deus

Aqui os seres adquirem mais a inteligência do estado vibratório de consciência da própria Alma de Deus, outorgando às individualidades o sopro da alma universal aos seres espirituais. Nesse estado os seres têm um corpo fluídico e uma mente consciente ligada ao corpo de Deus manifesto.

Seria como o ramo de uma árvore, ele pertence à própria árvore, sendo que a diferença está na qualidade e na função que exerce. Toda a ação do ramo é oriunda do todo da árvore, mas ele passa a ter o estatuto de galho podendo se manifestar e desenvolver suas qualidades. Ele representa e contém todas as energias da manifestação espiritual, ou seja, da árvore espiritual, ao mesmo tempo tem poderes de gerar algo pensado por ele, por ter uma mente criativa geradora de si. É um ser pensado para dar continuidade à manifestação de Deus.

Os seres espirituais detêm poderes de pensar e agir por si mesmos, fazendo parte de um Todo ligado à energia e ao processo do mundo espiritual, pois eles não tiveram ruptura da base quando da sua Emanação. O comportamento e a maneira dos seres espirituais agirem nesse estado são como uma criança no ventre da mãe, nos seus últimos dias antes de nascer; a criança tem uma formação completa, perfeita, com todas as faculdades possíveis inerentes a sua espécie, mas está ligada diretamente à mãe por intermédio do cordão umbilical. No entanto, no mundo espiritual sua dinâmica é totalmente diferente do mundo material, lá é apenas um estado de existir como um ser pensado com funções definidas, enquanto no material ele é um ser pensante com poderes de criar algo no mundo da matéria.

Essa ligação é totalmente diferente do nascimento de um ser aqui no plano material; após o nascimento, há uma ruptura do cordão umbilical e o bebê passa a ter sua vida independente e sem uma ligação direta com o corpo da mãe, coisa que não acontece na vida espiritual. Todas as produções no mundo superior são ligadas diretamente ao corpo da Consciência Cósmica ou corpo de Deus manifesto, ventre universal, mesmo porque no mundo espiritual não há renascimento, os seres foram gerados no princípio pelas emanações de Deus.

No mundo espiritual o ser existe num estado em que independe de tempo e espaço, não há passado nem futuro, só há presente, enquanto na matéria, para os seres, não há presente, porque ao colocarem um ponto já é passado; o presente é um divisor que não depende de tempo, é um estado de ser, e o passado e o futuro são dois extremos sem começo e fim, se vistos com os olhos da alma. Agora, com os olhos da matéria, existe presente, passado e futuro, mesmo que o presente seja algo tênue. A criação dos seres espirituais passa a existir por si dentro do sistema no mundo espiritual invisível para nós, a independência dos seres espirituais se realiza harmoniosamente e cada qual tem funções a exercer conforme sua missão pelo processo do mundo, onde sua existência funciona pela via da energia na forma contínua. Eles não têm renascimento, pois estão ligados ao todo, já criados no princípio, assim como os galhos de uma árvore estão sempre atados ao tronco, mesmo tendo sua formação peculiar. Esses seres espirituais têm a grande missão de dar continuidade à obra de Deus manifesta no mundo espiritual. Portanto os seres espirituais não interferem diretamente no mundo elemental, nem nos homens e seres inferiores vivendo na matéria; todo processo obedece a uma hierarquia. Eles sequer conhecem o mundo inferior e seu desenvolvimento pelo fato de o mundo inferior ter surgido de uma ruptura. A ajuda deles se dá apenas na forma de vibração inteligente dirigida no sentido de conectar este mundo novamente à fonte de onde ele saiu. No entanto, a orientação passada do mundo superior ao mundo inferior é transmitida aos seres evoluídos desencarnados que não precisam mais reencarnar na terra e que vivem num mundo intermediário. Esses seres, por sua vez, numa forma sutil, transmitem a orientação para a humanidade da maneira que a recebem do mundo superior. Além da orientação recebida, os seres iluminados orientam a humanidade pela via mental; essa orientação alcança sempre os mais evoluídos espiritualmente que vivem na terra, encarnados num corpo físico.

Alguns homens recebem inspiração e desenvolvem artifícios para o bem-estar da humanidade e outros recebem orientação específica para desenvolver na humanidade a inspiração voltada com o intuito em elevar a consciência espiritual do homem e resgatar o fruto da árvore que se encontra desconecto, portanto, é o objetivo principal travado pela luta e a ação a realizar na matéria.

    A comunicação dos seres que vivem no plano intermediário com aqueles que vivem no plano da matéria se dá principalmente por uma via direta com a egrégora da humanidade, e ela é muito sutil e de pouca interferência no caminho da evolução dos seres na terra. Para que possam compreender e sentir as vibrações desse estado superior intermediário e o que acontece com a vida desses seres evoluídos espiritualmente, os seres humanos devem despertar a percepção da faculdade psíquica latente neles, uma vez que esse contato se realiza sem intermediários e pela faculdade da via mental.

    Apesar da cegueira do homem que vive na matéria em função da sua natureza dual, todo o conhecimento do Universo está latente no seu âmago, perdido como uma forma de adormecimento no passado pelo fato dessa emanação de seres ter sido designada a conhecer e ajudar o mundo material a retornar ao lugar de onde saiu. Hoje somos prisioneiros na consciência do mundo Elemental, representado em nós pela mente material, pelas razões relatadas na segunda parte deste livro, que fala da criação do mundo material.

SEGUNDA PARTE

MUNDO MATERIAL

O processo da manifestação que originou o mundo físico pela fórmula de uma energia vibratória em partículas

A manifestação do Mundo Material é um processo dissonante no corpo de Deus manifesto. Mais adiante será apresentado o esqueleto da criação e a formação estrutural do mundo elemental, da matéria densa e suas particularidades, seguindo a obediência e a função das leis primárias e a forma trina da manifestação, a dualidade dos opostos e o surgimento da natureza dual do ser humano.

A Matéria, apesar de ter surgido na sequência do desejo de Deus em se manifestar além da sua unidade, é uma energia que surgiu logo após o lançamento da ideia inicial. Mesmo assim, sua base é alimentada a partir da unidade ou origem, por intermédio da potencialidade da manifestação das leis primárias, na qual elas registram em uníssono seu pulsar por intermédio da vibração contínua, por estarem sempre ligadas diretamente à unidade da qual também surgiu o mundo espiritual. Pois, na sequência do lançamento da ideia, a energia contínua sofre uma alteração e dessa alteração surge um resíduo que se transforma numa energia vibratória diferente da origem; desse resíduo surge o mundo na fórmula vibratória em partículas, ocasionando a energia de retração e expansão e criando a mente do nível vibratório material dependente da lei do tempo e espaço.

O mundo visível nos mostra os parâmetros de que a formação de sua base, o mundo material, é uma união progressiva e gradual da manifestação ou fonte oriunda de um sistema de mente consciência, e de que a essência da matéria também pertence a todas as produções e virtudes possíveis existentes no Universo, e que tudo é uno e ligado à mesma fonte, no entanto, o mundo material se apresenta com uma grande diferença na sua manifestação. Enquanto a polaridade no mundo espiritual é de manifestação ativa e de glorificação, visto que sua geração se alimenta da fonte a partir da onisciência e onipotência em função de ser uma extensão da Unidade ou origem sem ruptura e obedecendo à vontade primeira de Deus, pois essa mente que originou o mundo espiritual não contém ruptura na sua existência, mas é pura em sua essência. Em outro aspecto, o mundo material e sua fonte geradora, que forma esse nível de consciência e suas qualidades, são de polaridades opostas, por se tratar de uma geração extra que tem um novo nível de consciência estabelecida no próprio corpo de Deus. No entanto, a energia da mente-mãe que originou a matéria obedece à consciência gerada pela força do mundo elemental, no qual este nível adquiriu uma mente consciente própria temporal, e passou a ter uma natureza ímpar em sua formação e maneira de existir, pelo fato de a geração desta mente precisar se autogerar, assim tornando-se uma mente impura que adquiriu uma força extraordinária imensurável, sendo que esta obra material continua a se desenvolver e exercer o seu propósito para um dia retornar à sua fonte, e esta mente geradora da matéria continuará e perdurará até a sua regeneração e por toda a eternidade até o fim dos tempos, ou seja, o dia do juízo final.

    Como analogia que ilustra a criação de uma geração extra independente, com uma mente própria além da origem, mas ligada ainda pelas leis primárias, podemos citar como exemplo uma árvore: a raiz é a fonte que pertence à unidade "Deus inteligência", o tronco é uma extensão da raiz que representa o "corpo de Deus", ideia em movimento, sendo esta parte da árvore acompanhada da energia do desejo que faz parte dessa mesma unidade ou fonte, mas que neste estágio passa a ter um movimento próprio externando sua qualidade além da raiz que representa a base, o solo de Deus em movimento. A árvore continua se expandindo, e surgem os galhos, que por sua vez também são uma extensão da própria raiz e do tronco, que representam a base do mundo espiritual onde estão inseridas as emanações, "produções espirituais, seres com mente consciente que pensam por si próprios". No entanto, a árvore produz também o fruto, que por sua vez representa o mundo material, visto que faz parte da extensão do todo da árvore, porém, em determinado momento, após terminar seu ciclo junto à árvore, ele amadurece e se separa da mesma.

Numa observação mais criteriosa podemos perceber que os galhos são uma extensão do corpo da árvore e representam o mundo espiritual e ao mesmo tempo produzem o fruto, enquanto o fruto após cumprir seu ciclo junto à árvore, destaca-se da árvore e segue além dela e continua existindo por si.

O fruto, portanto, representa neste caso uma geração extra que adquiriu uma mente consciente própria além da árvore, por dela se destacar e então passar a fazer parte de algo dissonante, divergente da ideia inicial de quando Deus desejou e pensou no princípio da manifestação. No entanto, neste processo de ruptura, a separação do fruto da árvore aconteceu de uma forma aparentemente natural, apesar das consequências da ruptura e de criar um fato de extrema relevância e de um grande feito no corpo de Deus, surgindo deste ato uma nova mente e consciência criadora que deu origem à criação da mente material na forma vibratória, no estado de partículas.

Este processo que criou a mente material e que desencadeou o mundo na forma de partículas, representado pelo fruto da árvore, foi um acontecimento que teve origem a partir do desejo de Deus em dar movimento à Sua ideia, e esta passou a se manifestar além da Unidade ou origem, dando movimento ao seu plano regido e desenvolvido pelas forças de suas leis. Essas leis, no princípio, ao se movimentarem, passaram a se unir entre si além da unidade e iniciaram a reorganização da manifestação na fórmula espiritual criando uma consciência própria, e desta união surgiu a Mente Cósmica que deu origem aos níveis de consciência superiores, com funções específicas na manifestação do mundo espiritual.

No entanto, na progressão da ideia da manifestação, e por força da circunstância, o plano de Deus tomou muitas formas e entre elas a forma da mente-matéria, que desencadeou todas as produções do mundo elemental, o Universo visível. No entanto, todas as produções desta mente-mãe matéria ficaram desconectadas da energia do sentimento do amor, tornando-se apenas ligadas por intermédio da força das leis, sem a energia do amor gerado no coração de Deus naquele momento.

A causa primária do surgimento do mundo material se deu em virtude dessa vibração lançada no princípio que originou os níveis de formação espiritual. Neste estado vibratório, a energia lançada pelo desejo, não tendo até então reflexo de algo oposto e não encontrando oposição que pudesse dar equilíbrio a essa vibração lançada da ideia, fez surgir algo inesperado para que pudesse estabilizar a ideia lançada, visto que ela se tornou uma energia tão intensa e inflamada, com uma velocidade tão sem fim e sem controle, que em determinado momento houve uma efervescência extrema imensurável dessa energia da ideia, ocasionando a manifestação súbita pelo raio saindo de dentro de si, e aconteceu então a explosão da própria ideia lançada.

Tal acontecimento foi de uma dimensão tão intensa que nós seres humanos não temos a mínima noção do grande feito; seria o mesmo de querermos aquilatar as dimensões do Grande Arquiteto do Universo e do próprio Universo. Esse processo representado pela explosão inicial ainda pode ser observado pelo borbulhar de energias, pelo acontecimento do nascimento e morte de estrelas e galáxias, guardando a devida proporção.

O resultado desse aquecimento extremo provocou a efervescência da vibração do desejo lançado na forma de energia contínua, sendo que o resultado desta efervescência ocasionou um resíduo desordenado, transformando a energia matéria dos elementos separados uns dos outros. Essa energia do resíduo então passou a ser a matéria no estado denso, líquido e gasoso, formando o éter e um estado material na forma de partículas. Podemos citar como exemplo da separação dos elementos e do descontrole da ideia lançada, guardando as devidas proporções, uma nota musical ou um som que, quando muito agudo, passa a "estourar" seu próprio corpo (objeto); esse é o processo chamado pela ciência de "Big Bang" e pela religião como a separação do céu e da terra, em outras palavras, a queda ou criação da matéria. É importante não confundirmos esse acontecimento com o da queda do homem ou a vinda de seres com consciência espiritual para habitar o mundo dos elementos; esse processo se deu em um outro momento, também de grande relevância, que veremos mais à frente.

O surgimento dessa segunda mente, ocorrido a partir da efervescência ou ruptura do fruto da árvore, foi o grande acontecimento que a ciência chama de "Big Bang". Mas esse fruto da árvore colocado como exemplo, em sua essência, tem a fórmula e a competência de gerar outra árvore e dar continuidade ao processo da manifestação conhecido como mundo elemental temporal, em que passa a ter mente distinta e poderes próprios para criar suas fórmulas com uma existência temporal. Essa segunda criação, com a sua natureza, é um mundo paralelo que passou a ter sua própria forma, com mente e consciência próprias.

Apesar de o fruto ter sido criado pela árvore espiritual, ele passou a ter sua própria consciência, que desenvolveu a qualidade material, mas, mesmo assim, ele continua tendo e portando em si a essência da sua origem, ou seja, a origem do mundo espiritual conferida por intermédio das leis de Deus que o mantêm e operam conjuntamente nesse plano. Essa nova mente consciência gerada pelo fruto passou a ser regida pela qualidade e força do destino e passou a ter seu próprio desejo e a existir com mente própria, enquanto Deus vigiar com sua bondade e misericórdia, pois a matéria depende da aliança firmada com o mundo espiritual para que sua mente continue a existir. A aliança é representada no mundo material por intermédio da mente interior do homem, sacramentada no mundo da matéria pelo homem e a mulher por meio da união representada pelo ato do casamento, cujo objetivo é a geração de filhos. Ou seja, acolher as almas que estão esperando para reencarnar e continuar sua senda. Portanto o casamento não é um contrato entre duas pessoas apenas, mas, sim, a união de dois seres de sexos opostos, homem e mulher; e este foi o nome dado à aliança entre os dois mundos, firmada no princípio da criação da matéria.

Essa é a ligação dos dois planos, espiritual e material: mesmo o material sendo uma geração extra, sua origem, apesar das consequências, provém de uma forma natural, e o potencial das leis opera nos dois planos de consciência da mesma forma, mudando assim o propósito e a vibração, obedecendo à estrutura da mente do plano material, que tem mente própria, criada no momento da ruptura, simbolizado pelo destaque do fruto da árvore.

O processo da criação continua se desenvolvendo, mesmo após esse grande acontecimento que trouxe consequências extremas, que foi a separação da energia contínua da energia dos elementos que passaram a existir na fórmula de partículas, ocasionando uma poderosa energia que desencadeia a energia da consciência do tempo e espaço. Logo após a turbulência e o caos, as leis passaram então a operar com a função de retornar esta nova mente consciente à sua origem, no entanto este processo não pode se realizar instantaneamente pelo fato de que a cicatriz no corpo de Deus em movimento já tinha acontecido e a maneira de haver o retorno desta mente teve que obedecer à lei do tempo e espaço.

Com o passar do tempo, e a evolução da consciência desse fruto, teve início o processo de aproximação de uma forma lenta e gradual, passando a corrigir a vibração dissonante para uma frequência de aproximação do mundo espiritual. Apesar de esse processo de retorno ter começado logo após a ruptura, determinado pela vontade da Providência, ainda está muito longe de haver uma harmonia entre ambas. Isso tudo está sendo realizado por intermédio da força das leis que aprimoram tudo que existe do plano material para uma forma elevada de consciência, pois tudo converge para um retorno à sua fonte – o mundo espiritual – mas para que essa aproximação pudesse acontecer de forma consistente, outros fatos relevantes tiveram de ser desenvolvidos.

Embora as leis primordiais, atuando também na matéria, mantenham a essência na forma original após a separação dos mundos espiritual e material, o resíduo desta efervescência extrema provocou uma vibração própria, uma energia de substância densa visível, e que passou a se denominar estado de consciência elemental. No entanto, essas leis divinas fazem parte também da criação desta mente. Então o surgimento da matéria densa foi processado pelas leis de Deus que extraíram do nada, representado pelo resíduo, e se transformando em matéria densa, e ao mesmo tempo passaram a organizar o resíduo ocasionado pela efervescência, e esta energia criada pelas leis no estado material é conhecida na forma de partícula de matéria, na qual os elementos – ar, água, fogo e terra – passaram a existir separadamente um do outro, mas cada um mantendo a essência e a força da lei e a energia própria do seu estado original, ou seja, na forma contínua. Como exemplo, podemos citar uma das maneiras de se acender o fogo, por intermédio do atrito entre um elemento e outro; mesmo ocasionando o fogo, a sua essência não está nos elementos usados para provocar a combustão, mas sim na lei do elemento que se encontra difusa no Universo, na qual a energia da essência do ar tem a função de interligar os elementos separados um do outro na matéria. Como eles são na forma primária, invisível aos nossos olhos, o ar em sua essência exerce uma função de ligação entre os elementos, portanto o atrito provoca a causa de onde surge a ação manifestada, neste caso, o fogo visível.

    Analisando a lei do triângulo pela frase insólita de que "a manifestação é trina", a conclusão nos diz que há apenas três elementos na fórmula da manifestação de Deus, o ar é o elemento que circula entre os demais para que ambos em determinada circunstância retornem a um estado de união, como na formação da manifestação universal invisível, no entanto, no mundo material eles só são unidos quando da formação de uma mente temporária em um corpo vivo.

Um exemplo disso pode se encontrar na existência da vida em geral e nos seres durante a formação dos corpos individualizados e na formação de uma mente consciente temporal. Nesses corpos vivos podemos encontrar os elementos terra, ar, fogo e água em estado aparente de união e harmonia; os elementos juntos formam uma unidade chamada de corpo vivo.

Por outro lado, quando os elementos não estão num corpo vivo, eles estão separados e no caos. A natureza nos mostra isso, porque quando um ou mais elementos entram em estado de fúria ninguém tem controle sobre eles, o que o homem pode fazer é em parte manipulá-los e transformá-los para criar circunstâncias com poderes construtivos ou destrutivos, ou transformá-los temporariamente, como por exemplo, o ferro, o cobre, o ouro, a pólvora, os elementos radioativos etc.

Por causa da separação dos elementos, como descrito antes, formou-se uma nova mente e um novo nível de consciência, conhecido como mundo elemental. É um mundo paralelo, similar, que mantém a fiel correspondência com o mundo superior; entretanto, o mundo inferior foi outorgado com poderes para se sustentar e se desenvolver por conta própria. O plano elemental tem atributos e prerrogativas para aglomerar as leis – como aconteceu na criação da Mente Cósmica – a fim de que ele possa gerar suas formas e suas espécies na forma viva ou não. Ele tem força para manter o equilíbrio temporário desde o começo da sua existência até o término do seu ciclo pela duração da eternidade, e as essências dos elementos e das espécies agem sempre em obediência à lei do mundo espiritual. No entanto, as ações das criações agem de acordo com a mente do plano material, salvo o ser humano que tem a dupla natureza; essa geração do fruto, apesar de sua vibração estar dissonante do mundo superior e das leis primordiais, atua interligando os dois mundos que fazem parte do corpo manifesto de Deus.

As leis primárias, por intermédio de sua inteligência, desenvolveram toda criação nos dois mundos e, aqui no mundo elemental, passaram a atuar de acordo com as necessidades do plano material, pelo qual se adequaram às vibrações da matéria. No entanto tiveram de ser criadas muitas outras leis adjacentes ou similares para atuarem no mundo dos elementos que formularam e estruturaram os mecanismos necessários deste plano, pois no princípio da existência tudo estava no caos. As leis similares foram surgindo conforme as necessidades, e foram moldando o desenvolvimento do Universo manifesto físico. Elas mesmas foram se estruturando e adaptando-se ao longo do tempo numa forma para manter o desenvolvimento e a harmonia temporária no universo elemental, onde foram desenvolvidas muitas formas de vidas com corpo físico em planetas preparados e em harmonia.

Sempre tem algum lugar do Universo físico que se encontra em estado de ebulição, com a morte e o renascimento de estrelas e astros, pois nesse plano nada é eterno, tudo que existe exerce a transformação natural obedecendo ao seu ciclo de existência.

As leis adjacentes foram criadas pela inteligência das leis primárias para atuarem junto ao plano material, auxiliando e desenvolvendo a inteligência do mundo elemental, obedecendo ao sempre o propósito do desejo da ideia inicial, estruturando o funcionamento das produções da matéria conforme as leis da manifestação trina e dual do sistema. As leis, havendo estabelecido energias de consciência próprias para esse plano e compondo tudo que existe na mente-mãe, contêm a estrutura da consciência material, ou seja, nas consciências inanimadas e nas consciências animadas, com todas as energias necessárias para a composição da matéria e para todas as produções existirem dentro da forma estabelecida pelas leis e pela própria Providência.

Conforme a consciência do mundo material foi se aprimorando desde o princípio, a consciência da energia espiritual se fez cada vez mais presente entre as energias de consciências, as inanimadas e as animadas, sendo que essa última representa a vida no Universo físico e a própria humanidade, pelo fato de que toda a energia da matéria vem se aprimorando nas suas vibrações, e o ser humano também está cada vez mais sensitivo em sua mente sobre a percepção da energia espiritual. Não existe retrocesso de aprendizado na evolução das mentes da matéria, apesar de acharmos que a humanidade está com seus valores invertidos no momento. Isso tudo se refere e são ciclos de evolução; quanto mais atritos comportamentais existirem entre os seres, mais o processo é acelerado para uma consciência de percepção do todo, mesmo a própria consciência inanimada, quanto mais erupção e turbulência entres os elementos, mais esses fatos aceleram sua composição energética e aprimoram a evolução da mente-mãe material.

Se em algum momento o homem achar que há uma decadência comportamental da sociedade atual, isso tem a ver com a reencarnação de seres menos evoluídos espiritualmente, não se trata de uma involução da humanidade, são ciclos de existência de almas menos evoluídas vivendo na Terra; em outros momentos há ciclos em que reencarnaram almas com uma evolução mais desenvolvida espiritualmente, e por esse processo todas as almas terão oportunidades para reencarnarem e desenvolverem seu aprendizado. Existem tempos de maior e tempos de menor sabedoria nas mentes dos seres vivos na Terra, o que determina o comportamento de um ciclo é a consciência da maioria que habita o planeta naquele momento, o que predomina no curso comportamental da humanidade e isso envolve também todo o sistema planetário. A evolução intelectual também obedece a um ciclo nas almas encarnadas e segue num patamar de maior percepção nos seres mais evoluídos espiritualmente, nos quais se desenvolvem mecanismos voltados ao bem-estar dos corpos vivos no planeta e a percepção de si sobre o despertar espiritual.

Alguns fatos e acontecimentos de grande importância nos levam a refletir, ao longo dos tempos, que existem leis em ação no plano material para ensinar lições à humanidade, e que dependem muito da energia vibratória do pensamento, positivo ou negativo, dos seres humanos naquele momento, sendo eles que determinam o rumo da humanidade daquele ciclo. As instituições, como ordens iniciáticas, religiosas e outras, que são fontes vivas existentes no planeta e por intermédio de suas egrégoras terrestres constituídas pelos seus componentes com a mente direcionada para um despertar interior, têm o papel de acelerar o desenvolvimento do conhecimento e o bem-estar da humanidade e da própria natureza.

Como podemos observar, atualmente vivemos um momento de muita turbulência social, religiosa e política, além de catástrofes e novas doenças, e ao mesmo tempo ocorrem muitas descobertas relevantes por intermédio da ciência. A lei da natureza busca sempre o equilíbrio, e quando aparece algo de ruim para a humanidade, a própria natureza direciona a descoberta para solucionar e resolver a questão; enquanto a humanidade passa por grande sofrimento, a natureza passa por uma transformação de sua energia vibratória de aproximação ao plano superior. A ciência tem sido neste momento um ponto de equilíbrio para resolver os males que surgem na Terra, apesar de muitas vezes ela ser usada também para trazer sofrimento entre os homens e beneficiar uns poucos.

A consciência superior, por meio dos Mestres Excecionados desencarnados, trabalha para despertar a sabedoria e a luz da humanidade. Eventualmente alguns desses iluminados reencarnam entre os homens e divulgam novas teorias e leis neste plano, ajudando a humanidade a evoluir em compreensão e conhecimento para um despertar de si e um viver melhor.

Este período em que vivemos é um tempo crítico, pois estamos num ciclo de transição – a humanidade está saindo da era de peixes e entrando na era de aquário; a transformação e as mudanças estão acontecendo muito rápido e em todos os sentidos, principalmente no comportamento dos homens como nunca visto antes.

O ciclo que cada era tem corresponde a um período de 2.160 anos, o que representa 1/12 da era do zodíaco, sendo seu período de 25.920 anos, e nessa mudança leva algumas dezenas de anos para se enquadrar e estabilizar o comportamento humano, com uma nova visão do mundo, e a própria natureza passa por turbulências.

A humanidade está saindo de uma dominação centralizadora e capitalista – na qual o dinheiro é que direciona todo o sistema de governo e social –, para algo mais linear em que a verdade deve prevalecer e não mais a mentira, ou seja, o homem deve agir com coerência, fazendo prevalecer as leis naturais para que haja equilíbrio na distribuição dos benefícios de modo igual para todos, não mais beneficiando sempre os mesmos, porque na era de aquário as pessoas estarão com a mente mais desperta e participativas.

Muitos falam que está chegando o fim do mundo, mas, na realidade, chegou ao fim uma visão comportamental da humanidade, e ela precisa encontrar seu equilíbrio, com um comportamento e uma visão socioeconômica, política e religiosa que seja adequada a uma nova realidade. Enquanto não houver na maioria das pessoas um pensamento uniforme, a sociedade passará por uma turbulência; e nessa grande mudança surgirão muitas mentes criativas e iluminadas, coordenadas pela lei da Sabedoria, para desenvolver com perfeição trabalhos específicos e descobertas de novas teorias e fatos relevantes para o bem da coletividade. De outro aspecto, a força da ganância predomina nas pessoas que detêm o poder, que comandam o planeta e não querem perder suas mordomias; elas não colaboram, pelo contrário, querem manter a população escravizada sobre seu domínio e exercem o poder de persuasão por intermédio da mídia enganando a todos, mas esse privilégio está prestes a tomar novos rumos em razão da abertura, pois a nova era irá determinar um novo comportamento social, as pessoas não se deixarão mais serem enganadas com facilidade. Contudo, essa mudança leva um certo tempo para uma adequação equilibrada.

 O despertar e as novas descobertas serão realizados por intermédio de muitos homens e mulheres, e mesmo que esses seres não tenham um grande conhecimento espiritual, mas, sim, um grande conhecimento científico, orientados pela lei Sabedoria e diluídos em exércitos de mentes inspiradas para trazer conhecimento e conforto aos habitantes do planeta. Esses exércitos de homens e mulheres que hoje substituem em parte os sábios, profetas e filósofos do passado, têm colaborado muito no desenvolvimento e nas descobertas para o bem-estar e o progresso da humanidade.

O atual comportamento da humanidade se revela extremamente preso ao material; o homem está cada vez mais preocupado com a competitividade e menos cooperativo, deixando a parte espiritual em segundo plano, salvo exceções. No atual ciclo a humanidade está sendo bombardeada por muitas informações – boas e más – deixando os seres inseguros, perdidos e sem rumo, e muitos dos valores morais se perderam no tempo e foram substituídos por coisas banais, sem ética. Vemos isso nas artes, na música e até nas religiões, cujos cultos são transformados em shows que servem apenas para afagar a emoção da mente objetiva, deixando de lado a interiorização do pensamento meditativo para buscar a sabedoria que existe no âmago do homem.

    A lei Sabedoria, como explicado no início, tem a função de moldar a mente dos seres com a missão de descobrir novas fórmulas, além de maneiras úteis e eficazes para trazer o bem-estar aos seres vivos e à humanidade. É reconhecido que a ciência, mesmo não observando a formação de uma natureza dual do homem, atualmente é muito eficiente e trabalha com grande eficácia em suas descobertas. E essas informações, levadas pelas vias modernas de comunicação e pela globalização da informação instantânea, chegam aos homens com muita rapidez, transmitindo muito conhecimento, dando a sensação de segurança momentânea para todos e despertando, de certa maneira, alívio e esperança aos homens.

    No passado, quando a humanidade se encontrava em uma situação muito difícil, apareciam seres iluminados ou o próprio Avatar – como o Mestre Jesus –, que trouxe com ele uma consciência sublime espiritual que ampliou a consciência Crística dos seres humanos, aproximando-os das vibrações desta consciência que é representada no homem pela mente interior, que por sua vez foi gerada no mundo espiritual e contém a sabedoria do Universo em seu seio.

No momento em que surgem novos centros geradores, uma nova mente no mundo elemental, esse fenômeno conhecido como uma nova vida passa a fazer parte do sistema vivo do planeta, transformando a consciência elemental em uma energia pulsante cada vez mais sábia, forte e inteligente. Esse pulsar por intermédio de uma nova mente consciência viva do plano inferior eleva a energia do todo pelo aprendizado e refinamento que essa vida exercerá durante seu ciclo, por mais insignificante que ela seja, pois eleva a própria inteligência do grande Universo. É como um grão de areia, e de grão em grão se forma um grande deserto; a soma dessas mentes cria uma poderosa energia elevando a mente-mãe da matéria.

A vida surgiu para dar sentido à criação de Deus, na qual ela representa a própria inteligência da Providência pela força vital regida pela lei vida. As leis determinam a vibração específica da matéria dando movimento e sentido à forma, volume, tempo, espaço, profundidade e polaridade, em constante harmonia pela força da atração e de repulsão do Universo físico. Cada lei em si sempre tem a sua essência original, no entanto, modifica e adapta toda a criação conforme as necessidades e circunstâncias do mundo material, enquanto no mundo espiritual as leis operam e funcionam na forma contínua, visto que são e estão ligadas na extensão da inteligência primária ou origem. É importante observar, para entender a operacionalidade das leis, quando elas estão representando o mundo espiritual ou o mundo material, pois há uma diferença grande na forma e origem do mundo superior e na forma e origem das produções da matéria e condução dos fatos existentes entre os dois planos.

No mundo material as leis primordiais apresentam-se em conjunto com as leis similares, mas mantendo a qualidade da essência de sua origem, pois no mundo material adquiriram qualidades distintas próprias deste plano, adequando as qualidades e funções da mente da matéria, onde elas juntam, criam unidades, corpos por intermédio da formação de mentes conscientes. Para existir algo é necessário que haja uma mente, e a mente passa a existir na junção das essências das leis primárias com função, e acompanhadas de uma necessidade e de um propósito da manifestação; porque tudo tem uma razão de ser, uma ação completa a outra, e assim sucessivamente. Esse foi o modelo que a inteligência determinou para a existência da matéria densa e suas produções, porque tudo já estava programado na essência, salvo o meio que executa a ação que pode mudar a forma e adequar o resultado no mundo físico.

O Universo elemental foi se ajustando e se moldando conforme a exigência dos fatos, esse é o motivo pelo qual nada se cria e nada se perde, tudo se transforma dentro de um estado de consciência das formas, como disse o grande físico Newton. Isto quer dizer que as essências nunca se destroem e nunca se perdem, a mudança se dá apenas nos meios que sempre estão em transformação. O Universo não nasceu pronto, com exceção da essência, e ele foi se desenvolvendo conforme o propósito estabelecido no princípio e executado pelo potencial das leis. Quando o Universo físico estiver pronto ele não terá mais razão de existir, pelo motivo de ele existir por si e ter que se gerar consumindo sua própria energia e pelo fato dessa mente ter surgido num instante seguinte do lançamento da ideia da criação de Deus; quando acabar o seu combustível ele desaparece, ou seja, sua regeneração estará completada.

Deus não utiliza mãos de natureza física para construir Sua obra, no entanto, atribuiu essa função às leis. Elas, então, exercem duas funções distintas: à primeira foi outorgada a capacidade de criar algo do nada e dar forma por intermédio da mente, e a segunda função consiste em exercer na mente dos seres ou algo com vida criado por eles, e por intermédio de um corpo para exercer sua potência e externar o que é atribuído a esta mente com a capacidade de gerar, perceber e executar funções que foram outorgadas a todas as espécies vivas, e no mundo inanimado elas exercem a função de manter e unir as células da matéria por intermédio da energia da forma. A vontade da forma contempla a si mesma, e vê na eternidade o que ela mesma é. O todo da matéria está em constante ebulição e vê na forma a si mesmo.

Por que foi necessária a vinda de seres espirituais para habitar o plano elemental? Como nosso corpo psíquico se uniu ao corpo físico?

O surgimento na Terra dos seres humanos portadores de uma inteligência do plano superior, ou seja, com a energia de consciência espiritual junto a esse plano material, ocasionou um grande salto de compreensão de todas as mentes existentes na matéria, sendo que o processo da evolução da vida na matéria surgiu primeiro na forma celular, e foi se desenvolvendo, criando o mundo dos vegetais até chegar aos seres animais. No entanto, os seres espirituais surgiram no planeta muito tempo depois, quando já havia um ser animal preparado para recebê-los no seu seio.

Os seres espirituais vieram para este plano com o desejo de conhecer a energia do plano material e por uma necessidade do próprio processo de evolução, visto que esse plano precisava entrar numa frequência vibratória que pudesse ser reconhecida pelo mundo superior, para isso a frequência inferior deveria estar num patamar vibratório com uma inteligência mínima necessária para ser reconhecida pelo mundo espiritual. O plano dissonante precisava de uma aliança para tomar um caminho de retorno em direção ao mundo superior, coordenado por uma inteligência espiritualizada, e este fato foi preconizado pela Providência e as leis que criaram o plano material, este fato aconteceu no princípio que transformou o resíduo da efervescência em uma mente com consciência própria; pois no momento da separação do fruto esta consciência ficou totalmente desconectada da mente superior, ou seja, não havia uma correspondência inteligente entre elas, a energia da matéria estava ligada apenas pelo potencial das leis primárias, e à mente da matéria faltava a inteligência para haver uma aproximação com o plano superior de onde ela saiu. Como não havia uma mente inteligente com consciência mental da origem do mundo superior, esse elo foi preenchido pela consciência humana, sendo essa a razão principal para que os seres espirituais viessem habitar o mundo da matéria e restaurar a energia dissonante, para que ela pudesse começar o retorno à sua base com uma orientação da mente espiritual representada pela mente interior do homem; até então não existia ligação de energia com o sentimento de amor circulando nas mentes das produções da matéria.

    Para que o ser espiritual pudesse viver na matéria foi necessário que ele adquirisse um corpo físico, a fim de se locomover na Terra e ser visto e percebido por outros habitantes vivos e exercer sua função. No entanto, essa mente inferior acabou aprisionando o corpo psíquico em seu corpo animal, e foi quando eles, os seres angelicais, perceberam que tinham pela frente uma grande missão com muito trabalho e sofrimento, porque estavam vindo habitar no inferno. Contudo, antes de habitarem a matéria densa eles já tinham adquirido o corpo astral e já habitavam o mundo elemental num plano intermediário, mas isso será explicado adiante, ao falarmos do retorno das mentes dos seres humanos.

Certamente a Providência os preparou e os cegou de muitas percepções do todo que eles tinham até então; foi como um adormecimento de suas faculdades sensoriais e mentais. Por essa razão, eles tiveram momentos de incerteza acerca do que estava acontecendo e não tinham plena consciência do que estava por vir quando foram habitar na Terra. Ao mesmo tempo, o mundo elemental exerceu seu poder de absorção e de encantamento para atraí-los, prometendo os prazeres da carne, da vaidade, do poder e de uma vida egoísta sem sofrimento. É provável que tudo isso tenha sido necessário, visto que os seres tinham o livre--arbítrio, e assim mesmo eles decidiram habitar o mundo elemental. De outro lado, também foi uma necessidade eminente a vinda de seres com inteligência espiritual para confirmar a aliança e concluir o processo de retorno do mundo inferior, ocasionado pela ruptura do fruto que proporcionou a criação da mente-matéria.

O planeta Terra, existindo há muito tempo, foi preparado pela própria Providência com as condições de criar a vida no seu seio, de desenvolver criaturas com vida na forma animal, com grande desenvolvimento físico e uma estrutura com corpos bem definidos e em grandes variedades de espécies vivendo aqui já por milhares de anos. Toda vida existente no planeta começou pelo sistema de vida celular, que foi se desenvolvendo em grande escala de adversidades. Essa vida celular progrediu e desenvolveu toda a escala da vida vegetal e da vida animal, existentes com múltiplas variedades de espécies. O mundo animal desenvolveu corpos físicos bem definidos e outros ainda se encontram em estado de aperfeiçoamento.

Para ilustrar esse acontecimento da vinda do Ser de mente Superior para o plano material, podemos usar a simbologia aplicada pela religião cristã, do homem chamado de Adão ou Cadmo, a origem do homem na matéria.

Esses seres espirituais que até então viviam no plano espiritual, vieram para habitar o planeta Terra, ou qualquer outro astro com vida inteligente no Universo, com a grande missão de unir o que estava e está ainda desconectado, fora de uma realidade primeira e imperfeita dentro da criação, para cicatrizar uma chaga no corpo de Deus manifesto.

E apesar desses seres espirituais terem o conhecimento de quase toda a criação naquele momento, certamente a força da Providência se fez presente e interferiu na sua vinda, pois era uma necessidade eminente. A grande missão atribuída a eles foi de intermediar e reintegrar o retorno da manifestação dissonante representada pela geração da mente-matéria junto ao plano superior, e para que isso acontecesse tinha de haver um intermediário com o conhecimento do plano superior para habitar o plano inferior num corpo vivo e já preparado pelo mundo elemental. Esse ser então deveria ter uma mente constituída tanto do mundo material como do espiritual, numa mesma forma e num só corpo, unindo o corpo matéria e o corpo psíquico na mesma unidade, num ser homem, para que ele pudesse realmente realizar o grande feito de unir os dois planos de consciência, conforme proposto pela aliança das duas mentes. Porque a consciência geradora de si, sua raiz, ou seja, a consciência da individualidade do ser, só está presente onde a sua mente estiver habitando, assim como o homem só pode beber e saborear a água onde ela existir, o ser interior só pode transformar e saborear a vibração estando inserido na matéria. A percepção da consciência pode vislumbrar o horizonte além de onde ela estiver habitando, portanto, a consciência do ser superior teve que habitar no seio do mundo inferior para provocar a ação e realizar o propósito da aliança, porque até então o plano material estava desprovido da energia inteligência e do amor universal. A primeira etapa da aliança então foi concluída pela vinda da consciência espiritual representada pela consciência interior do homem, e a segunda etapa ainda está em vigência, que é tirar das trevas o mundo inferior; o trabalho que se resume na mudança da vibração deste plano ainda continua e continuará ao longo da eternidade preconizada pela mente interior do ser humano juntamente com a mente objetiva que é oriunda da matéria.

O ser espiritual, que habita o homem, sempre teve e ainda tem a força da vontade, como também o livre--arbítrio. Mesmo assim, por força das circunstâncias e determinado pela Providência, ao mesmo tempo esses seres, que têm uma força extraordinária de sedução e a curiosidade de conhecer e servir o plano material, foram atraídos para o plano elemental, ainda que a vibração da matéria naquele momento se encontrasse no pior estágio de obscuridade da sua existência e rastejasse nas trevas profundas desde a separação do mundo superior. Então, essa extra geração da mente do mundo elemental traiu e capturou para si parte dessa emanação de seres espirituais, até então seres angelicais, que passaram a ser denominados de Adão ou Cadmo, tornando-se a partir daquele momento os homens de hoje. Mencionamos parte porque a Emanação desta classe de seres espirituais e angelicais contém subdivisões definidas pelo conhecimento e inteligência, assim como em nossa sociedade, uns compreendem e são mais inteligentes do que outros em relação ao conhecimento de si, no mundo espiritual também é assim. Na classe angelical, as mentes que vieram para cá certamente foram as de menor percepção de si. Assim como é em cima, é embaixo; portanto, não houve prevaricação, e sim uma grande missão para esses seres: o trabalho de estabelecer a reintegração da mente-matéria.

O fato foi que esses seres espirituais foram seduzidos pela força do mundo elemental e caíram em um adormecimento, um esquecimento de si e do potencial do conhecimento espiritual que tinham, e passaram a viver num estado de total encantamento de sua existência no mundo intermediário antes de habitar a Terra. Esse adormecimento espiritual ainda se encontra na maioria dos homens que vivem na Terra, pela cegueira que os acompanha em relação ao conhecimento de si.

A grande parte ainda não sabe nem de onde veio nem para onde vai após a transição ou morte do corpo, como também sua composição e formação como um ser vivente, salvo raras exceções. Hoje em dia e no início da vida na matéria, todos eram cegos de si e permaneceram por muito tempo nesse estado vivendo num corpo físico animal. Só ao longo do tempo alguns foram despertando mais do que outros, no entanto, esse processo de perceber, do despertar para uma consciência de si, anda a passos lentos, pois a humanidade já habita este planeta há pouco mais de um milhão de anos e ainda tem muito o que apreender.

Os seres, no momento que passaram a habitar na obscuridade deste plano, perderam por completo a consciência e a sabedoria do conhecimento do plano espiritual, mesmo que esse conhecimento continue no seu âmago, mas fechado a sete chaves pela força e inteligência da consciência material. Esse encantamento ainda pode ser sentido nos seres humanos de hoje, em alguns momentos de sua vida, dependendo do estágio de evolução espiritual em que se encontrem. Alguns ficam submissos ao sistema do mundo elemental, principalmente nas estruturas de governos tiranos ou sob o jugo de outros seres de esperteza negativa e propensos à maldade. Eles ainda não se libertaram da energia da matéria que os mantém prisioneiros em uma situação adversa, e que os domina por completo deixando-os sem ação para reagir, pois essa força é muito poderosa na mente objetiva dos homens. Esse comportamento também é visível entre a convivência de casais, cuja ligação se dá pelo encantamento da paixão que os prende, sendo que as mulheres têm a força predominante da natureza elemental, que é mais relevante se comparada ao poder dos homens, em se tratando do encantamento da força elemental entres os seres.

A força elemental é a mesma desde o início do mundo material. Essa consciência, cuja base é aliciar tudo para si, tem em sua essência a energia e em seu cerne a vontade de atrair e não deixar que nada escape de seu controle. Essa é a maneira de ela subsistir, nascendo daí os vícios malévolos da humanidade nos quais predominam a avareza e a maldade. Essa força negativa da natureza em relação às mentes que habitam a Terra – quanto pior, melhor para ela. Ela mantém também as duas mentes dos seres humanos unidas ao corpo físico e luta bravamente para não deixar a mente interior se manifestar, usando toda força e sabedoria que tem para manter a vida na matéria. Porque, caso não existisse essa energia de manter tudo para si e a própria vida no corpo, os seres não teriam medo da morte nem interesse em viver sofrendo na matéria. O apego à matéria faz com que todas as produções vivas sintam o desejo de se reproduzirem, e a energia do sexo faz parte do sentimento da atração, pois este desejo se encontra na raiz e está no cerne da estrutura da mente material, como foi colocado na criação desta mente; portanto, para existir ela precisa se autogerar permanentemente e esse sistema todo só é possível em função do desejo de reter tudo sobre seu poder.

A vinda do ser espiritual para habitar na matéria foi chamada de queda, pois, naquele momento em que ele contemplava a energia desse plano material, sua atitude foi de indecisão e nesse lapso de incerteza ele tornou-se prisioneiro da força do plano imperfeito. Na verdade, foi uma mistura de incerteza, desejo e necessidade o que capturou a mente espiritual, e a incerteza ainda faz parte do homem hoje.

A pureza de pensamento certamente acompanhou os seres espirituais nesse grande feito, e ainda se encontra no âmago da maioria dos seres humanos e permanece neles, assim como o conhecimento primordial que eles tinham antes de habitarem um corpo carnal, ou da sua vinda para a matéria.

No entanto, aqueles que não mais têm no seu interior a pureza de antes da nova morada na Terra se converteram por completo e aderiram de corpo e alma à consciência da extra geração, extinguindo neles, por vontade própria, este sentimento de pureza da consciência do mundo superior. Eles pensam apenas com a mente da matéria, uma mente perversa que os tornou seres do mal, que eliminou o sentimento de piedade e reduziu seus pensamentos aos prazeres da carne, à posse de bens materiais e a tudo que afaga o seu ego; esses seres são avarentos em todos os sentidos, sentem prazer em fazer o mal ao próximo e à natureza, usando a inteligência sempre para essa finalidade, pois a natureza deste mundo, quanto pior melhor para eles, pois só assim satisfazem sua mente e alimentam o sentimento ao qual eles aderiram – o de adoração da maldade. A regeneração não faz parte do sentimento destes seres. A literatura religiosa e filosófica denominará estes seres com a simbologia de Adão comendo a fruta da maçã, causa da prevaricação do homem na sua totalidade.

Na realidade, não foram todos que prevaricaram, mas apenas uma minoria, aqueles que se converteram para o mal prestando obediência apenas à mente-matéria, ignorando a mente espiritual no seu interior. A maioria continua em busca de sua regeneração, no entanto, todos tiveram de aderir às mentes perversa e objetiva, que criaram o corpo físico do homem. Grande parte das pessoas, entretanto, não presta obediência cega a essa mente e sim busca o equilíbrio entre as duas mentes para sua salvação.

A grande divisão de percepção de consciência, que se criou com o surgimento do plano material em relação ao plano espiritual, é como um vácuo que passou a existir entre os dois planos e foi preenchido com a intermediação dos seres Adâmicos. Estes, saídos da Emanação e dos seres Angelicais, se tornaram a humanidade no mundo elemental, detentores de inteligência superior à dos animais, cuja constituição os torna pertencentes aos dois planos e exercendo suas funções numa unidade corpo físico/ser vivo.

O homem, detentor dessa natureza dupla, passou a desenvolver suas ações na matéria conforme o propósito da lei trina da manifestação e da sua formação com natureza dual, Deus manifesto, o Homem e a Natureza representando o tripé da manifestação dos três planos ou divisões de percepção consciente da manifestação. O homem é, portanto, o intermediário entre os mundos superior e inferior e habita na matéria para unir o fruto da árvore que se destacou no momento da efervescência que originou o mundo da matéria. Toda causa provoca uma ação de onde surge o ponto de equilíbrio; neste caso, o homem se tornou o reparador para unir os pontos extremos.

O homem é a única criatura no Universo com uma natureza dual, ou seja, dual em consciência, detentor de duas mentes distintas em um único corpo, o que pode ser representado pela mente da árvore e pela mente do seu fruto, a qual tem uma forma material quase perfeita em uma unidade corpo mente consciente de si. O ser humano, consciente de sua mente interior perfeita, busca o despertar da mente-matéria e recebe sua iluminação. Enquanto isso não acontecer, ele segue sua busca na matéria.

O despertar da consciência de si acontece quando o homem passa a perceber que se libertou da cegueira material e então começa a resgatar a sabedoria no seu âmago; entre muitos estados de consciência perceptiva existentes na manifestação do todo, esse processo de retorno é lento para a nossa consciência material, pelo fato de que ela precisa se reeducar, mudar seu estado vibratório e aprender as lições impostas pela mente interior para buscar o equilíbrio entre ambas. Esse aprendizado se concretiza na última reencarnação num corpo físico.

Em se tratando de evolução espiritual dos seres, a percepção de si no homem se divide em três classes: existem seres com a visão consciência de uma percepção cega, os seres com uma percepção saindo da cegueira e os seres conscientes de si, sendo que esse estado de compreensão é uma visão além do que os olhos da matéria veem, e se subdivide também dentro da própria classe de uma escala progressiva da compreensão do todo, é como ocorre com as cores do arco-íris, que se sobressaem sem haver uma divisão perceptível definida entre elas.

    A origem da mente-matéria se encontra na mente Cósmica, que, por sua vez, segue todas as regras da criação tendo como base a lei do triângulo. Ela é um estado vibratório dissonante no corpo de Deus manifesto, em função de que o mundo material passou a ter o seu próprio centro gerador de si, uma mente consciente de si – deste estado – e com poderes de criar suas produções. Em função desse estado de consciência ter sido gerado pelo fruto da árvore divina e não pela árvore, a subsistência deste nível de consciência só é possível em função da sua própria geração e renovação constante, bem como sua autodestruição. Em outras palavras, toda espécie e a própria matéria, para subsistirem, necessitam de outrem em função de sua constante autogeração, ficando sempre dependentes do processo de uma renovação e autodestruição ou de transformação de algo.

    Como diz a lei de Newton, "Nada se cria e nada se perde, tudo se transforma", e esse é o motivo pelo qual a vida na matéria é uma constante luta por sobrevivência de toda e qualquer espécie. Mesmo a subsistência da própria matéria inanimada está em constante transformação, regida pelas leis de retração e de expansão e de destruição e de construção. Quando dizemos que algo construído é destruído, significa que esse algo perdeu sua forma, porque na realidade a essência dos componentes retorna à sua forma original, a essência não se destrói, mas a sua forma de existir e sua apresentação se transformam ou deixam de existir. Quando isso acontece chamamos de renovação ou destruição deste algo, ou de renascimento ou morte quando se trata de um ser vivo. Na realidade tudo é transformação sem perda ou destruição da essência e da própria matéria que a construiu. Isso se desenvolve por intermédio da mente-mãe da criação, originando um corpo ou algo, para depois entrar a ação inversa e esse corpo ou esse algo deixarem de existir.

Pelo fato de o mundo elemental existir nessa forma com a qual foi criado, ele precisa autogerar-se e transformar-se por intermédio da força gravitacional, eletromagnética, nuclear (forte e fraca), surgindo desse processo muitas leis específicas do mundo material, entre elas o antagônico dos opostos, as antíteses.

O mal chamado pelas religiões de "pecado", tem sua origem na essência criada pela mente-mãe dos elementos da matéria, pelo fato de precisarem sempre se autogerar, sendo essa a fórmula da existência do mundo elemental. Para as produções existirem, por exemplo, elas dependem do consumo de alguma substância ou alimento, e quando estão fazendo isso há destruição ou transformação de algo para suprir essa energia necessária que seu corpo e mente requerem. Todo sistema de vida precisa respirar de alguma maneira, e ao respirar, transforma o oxigênio em substâncias diversas, maculando a pureza do ar. O Sol, por sua vez, para emitir luz, calor e a energia que sustenta o sistema, está se autodestruindo, de um modo aparentemente lento e o resultado dessa sua transformação gera a força vital própria da essência primeira da vida na Terra. São inúmeros fatos que mantêm o sistema em harmonia, e isso também pode acontecer em outros planetas, desde que estejam preparados e em harmonia para gerar vida.

O ser humano, detentor de uma inteligência superior, desenvolveu mecanismos para o cultivo e armazenamento de alimentos, bem como para a criação de seres inferiores, sacrificando-os para seu sustento, a fim de obter o que ele necessita para a subsistência do seu corpo material. Vemos, então, que o pecado está na origem da existência do sistema da mente-mãe da matéria, que para subsistir, precisa destruir algo.

A matéria inanimada, por sua vez, para subsistir e manter sua mente inconsciente em seu estado predeterminado, a lei de coesão expansão realiza uma transformação lenta e gradual, pelo menos na percepção humana para modificar os seus elementos moleculares, conforme a necessidade exigida pelas circunstâncias de cada momento no processo de evolução da matéria. Nesse caso da transformação da matéria, as células são subpostas umas nas outras para desenvolver algo inanimado diferente. Um metal nobre não aparece do nada, seu surgimento depende de um processo de transformação de outros elementos da matéria. Já as células de algo vivo se sobressaem de si mesmas como o desabrochar de uma flor, criando um ser vivo específico da sua espécie, conforme desejado pela inteligência no princípio, e isso requer uma transformação de energias invisíveis em matéria visível na forma densa. Esse algo vivo adequa sua forma da matéria e estado às necessidades de subsistir em função do seu ambiente. Na formação da consciência do mundo elemental foi necessário, conforme já visto, a criação e a elaboração de várias outras leis similares para que esse nível exercesse a função determinada dentro do sistema estabelecido na criação da mente-mãe da matéria.

No caso dos seres espirituais, ao habitarem este plano, eles adquiriram uma mente proveniente da matéria, que na sua essência obedece às diretrizes e à forma dessa mente. E uma das principais funções para sua existência é a necessidade de se autogerar e participar do sistema deste mundo imperfeito, onde os homens tiveram parte da sua percepção da pureza espiritual tornada inerte uma vez que essa mente objetiva reteve tudo para si.

Mesmo com o livre-arbítrio – que faz parte da mente espiritual –, acabaram praticando muitos atos que ocasionaram muitos males a si próprios e à natureza, porque não souberam, no princípio desta nova morada na matéria, administrar as adversidades e as impurezas desta mente-mãe material, que demonstrou um grande poder sobre a mente espiritual do homem, pelo fato de estar no cerne da mente objetiva a existência da imperfeição. Faltou, então, aos homens primitivos perseverarem e não cederem tanto à obediência da mente material para manterem a pureza de seu âmago. No entanto, o todo foi prejudicado por eles admitirem que a impureza prevalecesse nas suas ações.

Lembramos que os seres espirituais só vieram habitar no mundo elemental depois que o planeta Terra e todos os coirmãos do sistema estavam preparados para recebê-los, sendo que a vida já existia há bilhões de anos, povoando o Universo com a vida dos seres inferiores, e bem depois os seres espirituais passaram a existir no mundo da matéria.

A criação do Universo físico foi se adequando ao longo do tempo. Além das leis primordiais, outras leis foram surgindo para ajustar a fórmula do mundo de partículas, do mundo físico: **a vibração, o ritmo da matéria e a fórmula cíclica, a polaridade, tempo e espaço, bem e mal, vida e morte, quente e frio, a forma, o volume, a profundidade, causa e efeito, gênero, atração, ação,**

compensação e correspondência, e assim por diante. Em função destas novas leis, a existência da matéria inanimada e as produções vivas se determinam por intermédio de polaridades e gêneros com qualidades opostas antagônicas. Esse novo estado vibratório estabeleceu-se na periferia do corpo de Deus. Devemos compreender periferia como um estado vibratório dissonante, divisível, em que os elementos se apresentam na fórmula de partículas, na qual entra em ação a lei de **causa e efeito.** Essas novas leis têm a função de disciplinar, determinar e definir o processo de retorno da energia elemental e de todas as produções das mentes criadas na matéria, como também o retorno das essências ao seu estado original, esse estado vibratório desde que surgiu e até o momento, é o mais distante do centro da inteligência de Deus e ao mesmo tempo faz parte do corpo de Deus manifesto.

    Fazendo uma analogia entre os dois planos, espiritual e material, em relação ao corpo do homem, a parte do corpo de Deus que representa a matéria seria como os nossos cabelos e unhas; podemos cortá-los sem sentir dor alguma; no entanto, a partir do momento em que cutucamos ou extraímos a raiz, passamos a sentir a dor.

    Para a inteligência de Deus, a matéria está unida a Ele por intermédio das leis, sendo que a raiz delas está cravada na unidade; no entanto, as leis se estendem e se projetam além da unidade, criando a matéria. Vemos então que Deus está em sua unidade e não participa diretamente nas ações da matéria, são suas leis que comandam e determinam toda a ação do mundo elemental. Ele só participa diretamente se o mundo da matéria efetuar ações extremas que cheguem até a raiz de suas leis. Ou seja, enquanto os seres vivos na matéria densa fazem suas tarefas e se lapidam pela vivência do dia a dia, não interferem de modo direto na inteligência da unidade, a interferência se dá nos momentos de grandes necessidades no âmbito social, político, religioso ou em catástrofes, descobrimentos de grande relevância e no nascimento e transição de grandes iniciados. Nestes momentos a Providência participa diretamente com sua força e inteligência, comandando de maneira efetiva nas ações das leis, ou seja, potencializando a raiz das leis que criaram a matéria, mostrando que se o mundo elemental e suas produções não corrigirem seus rumos na direção certa, no sentido do retorno, todos irão sentir dor e até perecer.

Quando o homem está com saúde, vivenciando a paz da natureza, externando uma sensação de bem-estar e harmonia, é um estado em que as leis convergem para um momento sublime, e achamos que a essência de Deus está presente. No entanto, é nosso estado de ser que determina aquele momento por intermédio de suas leis divinas em nós, pois somos geradores de suas leis e temos a missão de dar continuidade à sua obra na matéria, realizada por intermédio do nosso ser interior, no qual recebemos o privilégio de sentir esse estado sublime, como esse momento de paz, despertado pela mente interior da pessoa envolvida. Não é Deus diretamente, mas sim a harmonia com o Universo manifesto.

A reversão da energia material, sua "essência e substância" e todas as mentes geradas neste plano por intermédio do Fiat material, estimulado pelo desejo de forças superiores inseridas na natureza, convergem sempre para um equilíbrio aparente da matéria. O estado material, por se encontrar fora de uma ordem primeira, tem a necessidade de se reordenar, posicionar-se em um campo vibratório onde encontre equilíbrio. No entanto o verdadeiro equilíbrio neste caso não existe, o máximo que a vibração dos opostos pode alcançar é um estado de aparente harmonia. Podemos citar como exemplo a máxima, que diz, "Quem está dentro quer sair e quem está fora quer entrar", portanto, toda a existência neste nível nunca está satisfeita, seja na manifestação animada ou inanimada por causa da força do desejo que precisa reter e prender a energia sempre para si. Por outro lado, existe a contraparte, a energia que quer se libertar, pois é uma questão de sobrevivência, por ela sempre ter que se ordenar, e sua ação é no sentido de geração de si e de regeneração para sair do estado dissonante em que se encontra, caso contrário aconteceria a desintegração de sua mente.

Houve uma organização do mundo material após a efervescência que ocasionou o Big Bang, surgindo deste feito a mente-matéria, que adquiriu o espírito de sua própria força, poderes e uma inteligência do seu estado por intermédio de uma mente própria com consciência de si, consciência elemental e suas subdivisões. A matéria, com os elementos que a compõem, não tem consciência individualizada, mas sim consciência do seu todo no cerne da sua mente-mãe. Com o passar do tempo, essa matéria que estava no caos, logo após o Big Bang, foi se acomodando e se aglomerando em vários estágios de energias, elementos e formas. A forma do desejo só tem a si mesma, busca um modelo.

No entanto, após o Big Bang, o modelo da forma que surgiu da matéria foi que parte dela tornou-se densa, fluídica, gasosa, e em forma de núcleos candentes originando as estrelas e os astros, microuniversos estruturados e harmonizados de tal modo que essa consciência adquiriu as condições primordiais e necessárias para gerar a vida no plano elemental, mesmo onde não há matéria visível ou aparentando um vazio no espaço sideral, ali contém a essência dos elementos, uma vibração sutil imperceptível que preenche o espaço ou o corpo de Deus manifesto. Não existe lugar no Universo sem a energia do espírito da matéria e a essência da Providência.

Essa transformação dos componentes do Universo se processa permanentemente e a existência de uma galáxia – o seu tempo de duração – é de um tempo incalculável, mas ela não existe eternamente e no seu término, quando perde sua força, será sugada por outra que se junta a uma terceira onde ela deixa de existir. Neste borbulhar de energias surge uma nova forma da matéria ou uma nova estrela, no entanto, leva muito tempo para adquirir o equilíbrio e gerar vidas em seu domínio; isso não é constante e esta transformação leva um tempo imensurável. Temos como exemplo a nossa própria galáxia, que existe há bilhões de anos e desenvolveu a capacidade de gerar vidas no seu seio.

A Providência, por intermédio de suas leis, organizou na nossa galáxia um Sistema Solar harmônico entre os planetas e o Sol, sendo o planeta Terra atualmente o ponto de equilíbrio do nosso Sistema Solar. Portanto, todas as energias que compõem a Galáxia e o Sistema Solar afluem e chegam ao planeta Terra na frequência exata para que a vida na matéria se manifeste. A Terra se encontra dentro de uma órbita, com uma distância exata para que todas as energias existentes no Universo – as energias do Sistema Solar, além da luz e do calor do Sol – cheguem ao nosso planeta na medida exata para que o Fiat da vontade elemental exerça sua função. Surgiram, então, as produções de vida que já existiam em memória nos registros da Providência e que passaram a existir na forma visível, geradas por intermédio de mentes desenvolvidas no planeta Terra com um corpo físico animal e astral.

SURGIMENTO DA VIDA NA MATÉRIA

A força que move toda a manifestação tem origem no pensamento inicial de Deus, por intermédio da ideia lançada acompanhada do Seu desejo. O desejo está inserido em toda a manifestação, seja no mundo espiritual ou no material, e faz parte da essência das leis primordiais e similares, sendo que estas últimas atuam apenas na matéria.

A criação da vida na matéria depende de vários fatores, mas o ponto central está no astro **Sol**, sendo ele o intermediário para desenvolver a função das leis superiores junto ao mundo elemental em conjunto aos demais planetas que também são precursores das leis para que o sistema desenvolva o seu propósito na matéria, pois o Sol carrega em si as energias que representam a ideia do desejo inicial da forma e da estrutura de vida.

Sendo o Sol o portador das essências vivas do Universo e exercendo a dupla função que representa os dois planos no esquema na manifestação material e com o poder de gerar a vida na matéria, estão nele as principais vibrações de energias do processo da vida manifestada na matéria, como também a inteligência sutil do mundo superior representado pelas leis que se encontram ocultas na matéria visível e por trás dos átomos que formam uma estrela. Podemos considerar o Sistema Solar como um microuniverso, porque é de átomo em átomo que se forma uma célula, e é de micro em microuniversos que se forma o grande Universo com números incalculáveis de sistemas solares regidos por uma estrela situada na galáxia.

O Sol é um centro gerador de energias no Sistema Solar, pois contém a propriedade de consciência com todas as qualidades do processo material e as energias espirituais vitais que processam a geração da vida na matéria, por esse motivo as estrelas são precursoras que carregam a força da energia vital inserida na função da própria lei da vida, como mencionado no início, quando falamos da função e do propósito de cada lei.

O astro Sol, por ser o representante entre os dois mundos, o espiritual e o material, tem as qualidades da tríade da manifestação material e espiritual, além da estrutura dos triângulos, que representam os dois mundos de consciência, e do poder de gerar duas funções. Cada ponta dos triângulos representa, e está inserida nele, a dualidade na manifestação acompanhada da força, atributo e qualidades de toda manifestação, ou seja, a do mundo superior e a do mundo inferior.

Na Antiguidade, os egípcios chamavam o Sol de "deus Rá", porque o astro tem o poder de geração do potencial das leis originais de Deus na matéria, juntamente às leis similares. As leis similares foram criadas com funções específicas pelo surgimento da matéria e adaptadas para ordenar o mundo elemental dentro de uma correspondência necessária entre os dois sistemas de consciência, o superior e o inferior, necessários para a origem da vida na matéria, como também a coordenação e a manutenção do equilíbrio do Sistema Solar, pois carregam em si a essência das energias das leis superiores para executarem funções específicas do mundo material outorgadas pela inteligência da Providência. Os astros são corpos vivos sem a energia do sentimento, mas com a função de externar a essência e as energias das leis. Eles funcionam como centros geradores dessas leis adjacentes similares no mundo elemental, sendo precursores e transmissores dessas qualidades de energias na forma de vibração inteligente e para exercerem suas funções num sistema equilibrado que faz parte de um local que tem todos os astros distribuídos de forma que seu alinhamento seja compatível para canalizar e distribuir as energias ao planeta preparado para gerar a vida dentro do Sistema Solar no Universo físico.

Dos astros do Sistema Solar, 7 são correspondentes diretos das 7 leis primárias primordiais proferidas por Deus no princípio na formação da mente Cósmica, que, por sua vez, continuam atuando por intermédio desses astros no plano inferior, na formação das produções vivas no planeta e mantendo o equilíbrio e a forma da matéria inanimada em conjunto com a força do astro--rei, o Sol.

Apesar desse plano material ser uma correspondência do mundo superior, por ter adquirido uma consciência própria, a sua estrutura se tornou muito complexa, havendo necessidade de formulações de leis próprias para esse plano existir e exercer sua função tanto na matéria inanimada como na animada. O oitavo e o nono astro do Sistema Solar são os correspondentes de outras duas leis com funções individualizadas neste plano inferior, que acionam as leis do **desejo** e da **ação**.

Para existir vida na matéria, foi necessário o desenvolvimento de novos níveis de consciências criados pelo sistema elemental com o propósito de gerar vidas com mentes individualizadas, como previsto no desejo inicial, e adaptadas aos níveis de consciências da matéria.

Além dos componentes básicos que perfazem a estrutura, ou seja, a mente e o corpo, são necessárias outras energias de consciência acompanhando a formulação de um ser vivo, com todas as suas faculdades peculiares, para que ele exerça funções com propósitos estabelecidos, como também a geração de mentes inanimadas que formam a estrutura elemental, pois os planetas fazem parte da estrutura deste Sistema Solar, no qual geram as energias com funções específicas junto ao Sol. No entanto, a geração de um ser na matéria começa pela criação da sua mente, esta, por sua vez, tem que estar correlacionada com a mente-mãe de sua espécie e quem comanda esse ato é a força do desejo inserido nas leis primárias que acionam as leis similares por intermédio da energia do Sol e da energia dos astros do próprio sistema, que acionam as essências das leis primárias provocadas pelas leis do desejo e da ação, que são forças existentes no mundo inferior e estimuladas pelos astros, onde surge o movimento que aciona o Fiat lux da matéria, dando início a uma nova mente, surgindo então algo vivo no mundo elemental. Neste caso, quem provoca a ação das leis é o ser envolvido no ato; em outros casos específicos, a própria natureza do mundo elemental provoca a ação.

    As forças do Universo são representadas pelo eletromagnetismo gravitacional, a força nuclear e a força do desejo, nas quais o Sol e os planetas são precursores das leis imutáveis, colocadas em ação no plano da matéria, gerando a vida pelo sistema envolvido e completado pela junção delas. Assim a vida se faz presente no planeta Terra por um período ou ciclo em um corpo físico. É importante mencionar que na geração de um feto no ventre da mãe, o milagre da natureza se dá na fecundação, toda ação provocada pelo homem para eliminar este feto posteriormente ao ato se torna um crime independentemente do tempo em que esse aborto for realizado.

    A inteiração do processo da manifestação se apresenta exercendo uma lógica e uma correspondência em relação ao desejo inicial de Deus, obedecendo sempre à lei do triângulo. O mundo **espiritual** se manifesta de uma forma harmônica composta por 12 qualidades que são representadas pelos 3 triângulos da manifestação ou tríade, além do triângulo da origem ou princípio, sendo um total de quatro triângulos (4x3=12). Cada triângulo tem três pontas que representam três qualidades.

Por outro lado, o mundo material, detentor de sua estrutura, desenvolveu-se na fórmula em uma "harmonia" aparente com 13 qualidades, porque contém as 12 qualidades primordiais ajustadas para o mundo da matéria, mais a qualidade do seu próprio mundo em função da criação da extra geração representada pela sua mente, a da matéria. No entanto, esta criação tem a 13ª qualidade para que o Universo elemental exista nesta forma trina, representado pelo seu próprio triângulo. Portanto, o mundo elemental, na sua formação e para que seu plano pudesse se desenvolver e exercer seu propósito, foi criado por sua própria tríade de triângulos. Eles disciplinam o plano elemental, composto pelo triângulo do fruto que representa a mente-mãe, consciência do mundo da matéria, cuja base é a consciência do mineral, do vegetal e do animal. Cada reino tem seu triângulo próprio, perfazendo assim as 12 qualidades na base da matéria, mais o triângulo do mundo superior por causa da correspondência existente entre ambos, caracterizando o mundo material com 13 qualidades. Essa via direta com o mundo superior se faz por intermédio do Sol, no qual a sutil qualidade da Providência está presente. Essa energia é transferida pela força vital emitida pelo astro-rei para a estruturação de mentes criadas pela matéria, que por sua vez desenvolve a vida; então, o mundo material é composto por 13 qualidades (12+1).

Muitos sinais e fatos demonstram que tudo está correlacionado no Universo, entre o mundo invisível e visível, e temos como exemplo as 12 principais constelações na formação da nossa Via Láctea, confirmadas pela própria ciência e pela astronomia na forma convencional. Portanto, pela lei do triângulo ressaltamos um fato que alguns estudiosos e astrônomos já confirmaram: na realidade existem 13 constelações que interferem diretamente na vida do Sistema Solar, a fim de manter a estabilidade, o equilíbrio e a geração de vidas, cuja correspondência no sistema precisa estar alinhada para poder existir e influenciar na ação do "fiat lux" material. Ou seja, as constelações emitem as energias compatíveis com o número 13 visto que a matéria possui 13 qualidades.

Esse equilíbrio é necessário para que a lei da vida possa acionar o "fiat lux" e se manifestar, pelo fato de as constelações – por intermédio de sua energia emitida –, de certa maneira, interferirem diretamente no nosso Sistema Solar e nas produções vivas, pois este representa, entre outros, um microuniverso dentro do grande Universo, o todo.

Quando um sistema solar entra em ebulição na fase final do seu grande ciclo, ele perde aos poucos suas forças, e vai sofrendo alterações até entrar num estado de desequilíbrio e caos. Esse processo dura um tempo muito grande de turbulência, e onde existir vida, ela será extinta no estado mente-matéria individual enquanto durar a turbulência nesse local do Universo, e a vida de seres com mentes criadas na matéria certamente serão transferidas para outro sistema solar em equilíbrio, pelo processo de nascimento e morte do corpo físico.

AS QUALIDADES DO SISTEMA PARA A GERAÇÃO DE MENTES E DO PRÓPRIO EQUILÍBRIO DO UNIVERSO MANIFESTO

A formação do homem com a estrutura da mente psíquica, astral, sensorial e material representa uma síntese do todo; ele é portador de todas as energias de consciência do Universo, recebendo o estatuto de um ser microcósmico, por ter a estrutura de consciência e a existência de todos os elementos vitais ou não do Universo. O homem é o único de natureza dual vivente no Universo. Este ser certamente não estava presente nos primeiros momentos da criação, exceto sua essência, e como não estava presente, não poderia hoje saber nem sentir como o Universo surgiu e se desenvolveu no princípio. No entanto, o homem, que é descendente do ser espiritual pela sua forma dual, representado pela mente espiritual que habita nele, tem a sabedoria do Universo mesmo sendo sua mente-mãe espiritual gerada posteriormente à criação da estrutura da manifestação espiritual. E isso se deve ao fato de todas as energias de consciência formuladas desde o princípio na criação do Universo e todos os níveis de consciência estarem inseridos na sua mente, caso contrário, ele jamais poderia vislumbrar e conhecer o sistema da manifestação desde o princípio. Por esse motivo, o homem é chamado de microcósmico e pode conhecer a manifestação a partir do princípio, desde que esteja preparado e tenha despertado para tal. Ele só não tem as prerrogativas de conhecer a inteligência de Deus em sua unidade por ter sido gerado pela manifestação desta inteligência ou ideia de Deus em movimento. Ou seja, ele faz parte do movimento da ideia na qual ele foi desenvolvido em sua forma consciente.

As qualidades na formação trina da manifestação se referem ao potencial inserido na fórmula da energia que interliga as pontas do triângulo para criar a manifestação de Deus, onde essa energia carrega em si o modelo que define um propósito que desencadeia algo pensado no princípio da manifestação, e desse potencial surge a energia inteligente criadora existente na fórmula das mentes.

As energias de qualidade que criaram e estruturaram o Universo estão inseridas individualmente e representadas pelas pontas dos quatro triângulos, que desenvolveram e construíram a manifestação invisível e visível, como segue: Deus em Sua unidade dá movimento à Sua ideia, que forma o pensamento, que se transforma em energia, que desperta o desejo, surgindo a causa, que desenvolve a ação, que determina o ritmo, do qual surge a polaridade, que formula um modelo, que cria a mente, que tem um volume, surgindo algo pensado em movimento, portanto **ideia, pensamento, energia, desejo, causa, ação, ritmo, polaridade, modelo, mente, volume** e **algo pensado manifesto**, representam as 12 qualidades do mundo espiritual. Assim, são estas energias que movem e criam as mentes existentes na criação, e dão movimento aos planos superior e inferior pela via da lei do triângulo.

As 12 qualidades do mundo superior estão representadas pela via da correspondência entre as prerrogativas de manifestação no mundo vibratório da matéria também. No entanto, no mundo material, são 13 qualidades que determinam a maneira estrutural e a forma de existência da matéria, pois ele tem a correspondência do mundo superior e mais a sua própria qualidade. O número 13 não é divisível e não tem estabilidade permanente, por representar os elementos fora de uma realidade primeira na qual surgiu a matéria em forma de partículas e em um estado vibratório que se encontra à parte do primeiro sistema da criação. Além disso, ele tem a sua própria mente gerada pelo fruto, enquanto a mente espiritual foi gerada pela árvore que representa o mundo superior pensado por Deus; a origem do mundo inferior não saiu de Deus na unidade, mais sim do pensamento divino em movimento.

O número 12 aparece para a humanidade como um mito, ao mesmo tempo demonstra a forma estrutural do Universo que se repete em todos os ângulos da manifestação, alguns exemplos que demonstram que as leis agem entre os homens e em toda manifestação: são 12 apóstolos de Cristo, 12 profetas, 12 tribos de Israel, 12 signos do zodíaco, 12 meses que formam um ano, 12 cavaleiros da Távola Redonda do mito asturiano e muitas outras citações que constam nas literaturas sagradas ou não.

O funcionamento de toda manifestação deve estar acompanhado sempre de uma correspondência e uma lógica determinada no princípio pela lei do triângulo que representa a forma perfeita da manifestação; no caso da matéria a perfeição está apenas na base, porque no meio da circularização da manifestação material ela é apenas aparente, uma vez que sua criação é por essência temporal e imperfeita, mesmo tendo sido estrutura pela lei do triângulo e as demais leis universais. Essa estrutura da manifestação material está assentada na lei do triângulo e é a fórmula que representa a criação em desenvolvimento por intermédio de uma mente, esse processo age desde a criação da primeira mente – a mente Cósmica – e o restante da criação é uma repetição desta mente que se desenvolve por intermédio do mesmo processo em todos os níveis precedentes, portanto o mundo é um fenômeno mental que realiza toda sua ação oculta aos olhos da mente objetiva.

Um fato marcante foi que durante o evento da Santa Ceia, havia 12 apóstolos, além da presença de Jesus, que nesse momento representava um ser humano pela sua mente objetiva, totalizando 13 pessoas. Treze é o número que qualifica a existência da matéria, um número imperfeito. Contudo, no 13 (1+3=4), o 4 representa a aparente estabilidade da matéria do nosso Sistema Solar e universal. No grupo que compunha a mesa da Santa Ceia havia 13 personalidades imbuídas na compreensão e na evolução espiritual da humanidade, mas entre eles um ser preocupado com a reputação, vaidoso, determinado pelo seu ego, que representa a avareza do ser humano mente-matéria, a imperfeição deste plano material; se foi coincidência ou não, na mesa da Santa Ceia tinha um traidor. Como não existe coincidência, Judas se comportou como um ser impuro, pelo menos no propósito da representação de um ato solene de grande importância para o futuro da humanidade, visto que depois de dois mil anos ainda é o fato mais relevante e lembrado pelo homem.

    O comportamento traidor representa a formação do mundo elemental, já que em sua estrutura a natureza material é uma energia corrompida na essência em relação ao plano inicial de Deus, pois, como foi dito anteriormente, é a consciência do fruto que se separou da árvore divina.

    Os signos do zodíaco, na realidade, são 13, no entanto, a observação astrológica definida pela via direta está correta em dizer que são 12, pois há 12 qualidades na forma sutil e invisível da força do Sistema Solar, e para algo de concreto existir os fatos do propósito devem obedecer à lei do triângulo.

    A percepção abstrata do décimo terceiro signo do zodíaco se faz em função de que a criação da natureza está infusa na energia astronômica do mundo elemental, onde a força espiritual representada pelo seu triângulo, cuja explicação diz que as estrelas são as representantes dos dois mundos e que por esse motivo perfaz a décima terceira força, no caso, o décimo terceiro signo, infuso circulando entre os 12 signos e entrelaçando os dois mundos, não perceptíveis aos olhos do mundo elemental.

Os astros, centros geradores de energia, representam e exercem funções das leis do Sistema Solar; no entanto, a manifestação dessa energia, mesmo sendo coletiva, não tem egrégora, pois atua externando apenas a vibração de sua qualidade e do propósito da lei que cada um representa. O que forma a décima terceira energia deste propósito é a soma das qualidades da energia matéria emitida individualmente pelos astros do Sistema Solar. Essa energia não tem como ser vista ou medida por instrumentos criados pelo homem, pois é gerada pela matéria inanimada e não tem sentimentos, atuando apenas no ato da formação das mentes vivas criadas pela energia da matéria que desenvolve o corpo físico.

O número 13 aparece na forma ímpar, fora de uma realidade perfeita; é algo dissonante no esquema da criação, pois é o fruto da árvore que se desprendeu do tronco divino. No entanto a estrutura desse fruto está assentada em um triângulo próprio que sustenta a formação da extra geração. Ou seja, o mundo material tem seus próprios poderes outorgados no momento da criação da matéria e representados pelos centros geradores das leis primárias, e para as leis similares formuladas pela força das leis superiores exercerem suas funções, em que a lei do triângulo formula e exerce sua qualidade na execução da manifestação na matéria.

Como já mencionado, as leis de Deus são forças potenciais com qualidades, propósitos e funções acionadas no princípio pela inteligência de Deus e dando início à manifestação do todo criado; após a criação da primeira mente foram surgindo as demais criações da mesma forma, pois o processo foi se repetindo por intermédio da ação da própria consciência cósmica e em seguida pela própria natureza e, por extensão, a participação das mentes criadas no mundo elemental, ou seja, as novas criações se processam da mesma forma, mas agora quem passa a dar o comando para provocar a causa é a natureza ou o pensamento e a ação de uma ou mais mentes de seres criados que acionam a terceira ponta do triângulo, no qual surge uma nova mente que desenvolve um corpo físico vivo ou não.

Para a formação de uma egrégora, Jesus disse: "Onde duas ou mais pessoas estiverem reunidas em meu nome, eu estarei entre elas" (MT 18,20). Assim, sempre que houver duas ou mais pessoas reunidas pensando junto, com o mesmo fim, forma-se ali mais uma mente que é a soma do propósito de todas as mentes presentes, e essa mente desaparece quando o grupo for desfeito em relação ao seu ato, ficando apenas o resultado desse propósito em forma de memória para a eternidade; são mentes compostas virtualmente com um propósito sem um corpo físico. Então essas mentes são virtuais ou de entidades, e as pessoas treinadas ou que tiverem necessidade de receber informações sobre determinado assunto podem se conectar a elas e receber tais informações, sejam elas formadas por um período curto ou permanentes.

Na Santa Ceia, durante aquele ato solene, formou-se uma egrégora terrestre pelo pensamento do grupo dos 12 apóstolos por intermédio da soma do pensamento da mente objetiva de cada um dos presentes, sendo assim, foi constituída uma egrégora pela presença dos 12 apóstolos mais a mente desta egrégora formada por eles, perfazendo então 13 mentes existentes naquele momento. Jesus então representa a egrégora supraterrestre que, por sua vez, significa a Consciência Crística do grupo dos apóstolos, que é representada pela mente do corpo psíquico de cada um deles. Jesus, com sua grandeza e sabedoria, mostrou ao mundo a formação de uma natureza dual do homem, onde Ele, detentor também de um corpo psíquico muito desenvolvido, representou a consciência Crística, expandindo-a na Terra, representada por sua mente psíquica e juntando-a às mentes dos apóstolos. Neste ato houve a expansão da consciência Crística na Terra, trazendo a inteligência da energia do Espírito Santo e criando uma energia consciente viva na mente da humanidade e expandido e elevando a consciência do todo no planeta.

 Com esta formação, neste ato, deu-se início a uma nova era de despertar da consciência humana, elevando a compreensão da energia da Consciência Crística entre os homens, porque toda a manifestação se apresenta na natureza pela forma cíclica, representada por eras e períodos. Essa abertura ou ampliação da compreensão da natureza do homem, ou seja, a manifestação ampliada da consciência Crística na humanidade, demonstrou que somos duais em consciência como seres humanos, e com a grande missão de unir as duas mentes, terrestre e supraterrestre.

 Na vinda de Jesus – um dos maiores dentre os Avatares –, a sua presença foi marcada por vários acontecimentos muitos relevantes, e a Ceia foi um deles, que veio a confirmar que as leis divinas se fazem presentes entre os homens e ampliam sua importância nos grandes eventos sempre que necessário. Outros dois acontecimentos de grande importância na vida de Jesus, além da sua missão, foram a sua concepção divina, no ventre de Maria, e a sua crucificação. Esses, certamente, foram acontecimentos de grande relevância na história. As leis de Deus estiveram e estão presentes em todos os eventos e em todos os atos do nosso mundo de uma forma normal. Em muitos casos relevantes, as leis são provocadas e colocadas em funcionamento pela Providência e pelos Mestres Sancionados numa via indireta nas interferências e nas decisões da humanidade, mas, quando necessário, eventualmente as leis interferem de maneira direta pela força da Providência ou pelo próprio coração de Deus em sua unidade, usando as mentes de seres iniciados para criar fatos e ajudar a humanidade a se desenvolver espiritualmente, passando a compreender suas leis, colocando-as em ação, como foi na concepção de Jesus por uma via direta espiritual.

O processo de uma fecundação por via divina é possível e aconteceu também com outros Avatares. A vinda deles acontece quando a humanidade implora por ajuda, com sede do conhecimento espiritual, no entanto, depende de várias circunstâncias para que isso aconteça. A humanidade deve se encontrar numa extrema necessidade para melhorar seus valores comportamentais e sair da obscuridade espiritual que se encontra, de modo que a vinda de um Avatar possa impulsionar e motivar a humanidade a encontrar uma visão espiritualizada, para caminhar no sentido de se aproximar em consciência do mundo espiritual. Isso ocorre quando o homem, pelo seu esforço e merecimento, anseia por um despertar de consciência.

Neste caso, para que a fecundação pela via espiritual possa se concretizar, deve existir um determinado número de pessoas iniciadas com a mente pura, e que por intermédio de um ato iniciático reorganize as leis divinas usando seu poder para a formação de uma nova mente no plano material. Em outras palavras, é o mesmo processo no encontro entre o esperma e o óvulo, o que acontece entre o homem e a mulher e com todos os seres vivos no ato sexual ou por via artificial. Neste caso, determinado pela via espiritual, o desejo dos homens e mulheres participantes mais a interferência da Providência, se realiza pela via indireta de uma ação espiritual.

Compreender este milagre é o mesmo que compreender a formação da mente Cósmica, explicada anteriormente no encontro e reorganização das sete leis divinas, cada uma exercendo suas funções fora da unidade de Deus. Este mistério é de difícil compreensão e só as pessoas iniciadas, cujo olhar da consciência interior tenha sido despertado, podem compreendê-lo com clareza e sem dúvidas.

Portanto, os seres iniciados participantes deste ato devem estar com seu pensamento puro e com a mente espiritual e a material inseridas em uma egrégora terrestre e supraterrestre, para que as leis sejam acionadas e haja a reorganização de um desejo, neste caso, a fecundação de um ser iluminado no ventre de uma mulher para viver junto a sociedade com uma missão a exercer. Os participantes do grupo devem estar pensando no mesmo objetivo para que o ato invocado se realize e a lei se cumpra; é um conjunto de fatores e leis divinas envolvido no processo comandado pelas mentes humanas em comunhão com as forças das leis divinas e a própria Providência.

A vinda de um ser com mente pura não pode ser gerada pela mente da matéria ou por um ato sexual convencional, pois este é processado pela mente impura da matéria e seu prazer. Ele deve ser gerado pelo pensamento da mente interior com a colaboração da mente objetiva que provoca a ação, sem a força carnal, e ambas devem estar puras em pensamento. Por outro lado, a mulher que receber esse influxo do *fiat lux* também deve evoluir espiritualmente, ser pura em pensamento e preparada desde o seu nascimento por pessoas iniciadas, para que cultive a virtude de seus atos durante sua vida com pensamentos cândidos, como foi o caso de Maria, mãe de Jesus.

A mente-mãe material também tem em sua estrutura poderes que, do nada, criam mentes virtuais com imagens sem interferências de seres vivos; podemos citar como exemplo os gnomos, que existem por determinado momento na forma visível e depois desaparecem. Na aparição dos gnomos, ou de outras formas, é a própria natureza elemental que, em determinado momento e circunstância, exercita sua força e reorganiza mentes com imagens na forma visível, formando mentes que geram formas aparentes ou virtuais, visíveis ou não, e elas representam um desejo dessas forças naturais, que lhes dá uma existência temporária na forma de uma imagem de um ser vivo, mas essa nada mais é do que uma imagem temporária do desejo que está inserido na força da criação. Portanto, é por intermédio da aglomeração de leis provocadas pela mente-mãe da natureza e pelas forças do desejo acionadas pelo próprio sistema da criação, no qual a natureza exercita seu poder, muitas vezes usando o poder das mentes de seres vivos encarnados conscientes ou não, que se demonstram os acontecimentos conhecidos como fenômenos chamados de sobrenaturais, como os milagres, no entanto, são fatos naturais provocados pela força do sistema do mundo dos elementos.

    O homem tem o poder de influenciar a natureza para que determinados atos aconteçam, algumas pessoas já nascem com esse dom, enquanto outras, principalmente aquelas que expandiram sua consciência, recebem durante sua vida o poder de influenciar e transformar alguns atos referentes à natureza, e outra maneira é quando há uma aglomeração de pessoas com o mesmo fim. Neste caso, é preciso criar um ambiente propício para despertar um ato pensado por todos os presentes, que desencadeie a força do desejo do grupo, criando temporariamente fatos que organizam as energias despertando e criando um propósito dos presentes; muitos dos participantes sentem a energia tocar sua mente e quanto mais pessoas se envolverem neste propósito, maiores o poder e a vibração que podem provocar a cura, a descoberta de novas teorias, a criação de imagens virtuais e outros.

O ser humano pode transformar a vibração do seu corpo de duas maneiras: uma é usando o poder de sua mente e o seu conhecimento da lei, invocando-as por intermédio do pensamento para ocasionar algum acontecimento ou fenômeno; e outra é acreditando com grande fé em um fato, o que provoca nele um êxtase, e normalmente se processa pela existência de algum som, palavra ou artifício criado pelo homem, fazendo com que esse arrebatamento mude seu campo vibratório. Nesse caso, uma cura que ele tenha em mente pode se realizar ou não. Tudo isso são fatos naturais, nada é sobrenatural, são coisas que acontecem porque as leis estão à disposição de todos os seres evoluídos espiritualmente ou não, que desencadeiam poderes que fazem parte de sua mente, pelo fato de que as mentes de seres vivos são o próprio Universo pulsante vivo, pois a força dos elementos está à disposição de todos para ser manipulada e apreciada desde que seja sempre para o bem e a pessoa tenha o merecimento para executar tais fenômenos. Contudo, infelizmente as leis às vezes são manipuladas para o mal, mas isso a lei do retorno não perdoa, gerando sofrimento àquele que praticou o mal.

Esse é o motivo pelo qual as cerimônias ritualísticas das escolas iniciáticas ou de qualquer outra natureza com cunho divino devem sempre ser repetidas na sua abertura, pois se cria ali uma mente virtual deste ato, e ao término da cerimônia essa mente se desfaz, mas a lembrança do que foi pensado fica registrada no Universo. Só os iniciados que têm "olhos treinados" podem compreender.

O resíduo ocasionado pela explosão da ideia emitida por Deus fez surgir a mente material detentora de uma força extraordinária. Desse borbulhar extremo de energias veio a força atômica que levou à expansão da energia matéria lançada além da vibração da energia contínua, formando o Universo físico na forma que o conhecemos, e ao mesmo tempo entrando em ação a força da retração, da expansão, como também da rotação, proporcionada pela energia gravitacional e eletromagnética.

A segunda mente adquire a própria inteligência que desencadeia a ação organizadora dos elementos densos espalhados no espaço universal, e ao longo do tempo a matéria se estabiliza, ocasionando o Universo manifesto organizado na forma de inúmeras, incalculáveis vias lácteas que se subdividem em galáxias e sistemas solares. Dentro desse grande e incompreensível movimento de energias do mundo elemental, a Via Láctea representa um microuniverso dentro do grande Universo, as galáxias representam um microuniverso do sistema de uma via láctea, e o sistema solar, por sua vez, é um microuniverso dentro de uma galáxia, sendo o nosso Sistema Solar um microuniverso detentor de todos os requisitos da manifestação representados pela lei do triângulo. Há milhares de anos a Terra é o ventre do Sistema Solar, onde se encontra o solo perfeito para gerar a vida na matéria do atual ciclo desse sistema, por ele se encontrar desde então organizado e harmonizado na forma de um microuniverso dentro do grande sistema físico universal.

Após a organização do Sistema Solar e por intermédio do poder da sua estrela juntamente com os planetas, ativa-se o Fiat criador do plano elemental, e este se faz presente em função do extrato das energias emitidas por cada um dos astros, mais a do Sol. As energias emitidas por eles acionam o potencial das leis primárias e tendo a Lei Vida a função organizadora com o poder de criar junto com as demais leis a geração da mente, que por sua vez gera a vida com corpos físicos no planeta Terra, alimentado pelo desejo primário do mundo material, e comandado por intermédio da mente-mãe infusa na quinta essência.

A partir desse estágio surgem as condições necessárias para o Fiat criador exercer sua função no plano material, surgindo daí a criação dos organismos celulares e posteriormente os vegetais e as criaturas do mundo animal. Todos com um corpo vivo passaram pelo estágio de evolução natural, em que se desenvolveram muitas formas de vida, surgindo inúmeras subdivisões de mentes estabelecidas e classificadas em espécies. Todas as espécies obedecem a uma disciplina controlada pela inteligência das leis, como seu desenvolvimento e subsistência determinado por intermédio da forma regida e estabelecida pela mente-mãe dos reinos.

A ciência tem se esforçado muito para descobrir como surgiu o início da vida na Terra e no Universo, ressaltamos, porém, que a ciência, pela sua estrutura, ao enxergar apenas com o senso racional de suas percepções, não consegue transcender e conhecer a origem do invisível, limitando-se apenas à formação do mundo material, e ignorando o mundo chamado espiritual, onde está a base da essência da origem da vida e de todo o processo da criação material que se desenvolveu e se desenvolve por intermédio do potencial e da função das leis. Mesmo assim, o conhecimento da ciência — a partir do que ela se propõe a desenvolver pelas suas técnicas e observações do universo visível — é extraordinário e os seus benefícios são maravilhosos, pois a ciência é uma dádiva para o bem-estar do corpo humano, como também de todas as produções da matéria; por outro lado, ela é insuficiente quanto ao bem-estar da alma e à compreensão espiritual. Devido à falta de compreensão na observação do invisível, a ciência não consegue provar a essência da vida deixando em aberto essa lacuna, porque a origem da vida está no princípio da ideia de Deus e todo processo funciona em correspondência com o potencial das leis emanadas por Ele. Quanto a essa sutil observação, a ciência não tem instrumentos para perceber o mundo espiritual, então consequentemente ela não entende a origem da vida na sua essência, mas percebe com muita eficácia a existência da vida após e a partir da fecundação de um feto. O único instrumento, se assim podemos dizer, existente que pode saber a origem da vida é a sensibilidade da inteligência da mente humana, pois ela tem a percepção de sentir e saber, desde que esteja preparada, treinada e evoluída espiritualmente, e este sentir se dá por intermédio de suas emoções perceptivas e principalmente pela faculdade intuitiva que ela pode traduzir na percepção de sua análise racional.

A ciência ainda tem muito a descobrir em relação à vida já existente fora do planeta, pois ela está se aprimorando quanto às observações do comportamento de outros astros do Universo. Com o avanço de novas tecnologias, ela parte para a descoberta de novas galáxias e da vida em outros astros do Universo manifesto visível, ficando restringida a percepção de algo oculto ou de energias que instrumentos não podem registrar como a essência da origem que determina o todo criado, e a vida por intermédio da criação da mente que forma um corpo inanimado e do corpo individual com vida na matéria.

Conforme já explicado na criação das produções do mundo superior, toda manifestação saiu da mente Cósmica, e o mundo inferior também tem uma estrutura para gerar as produções do mundo elemental e da própria vida na matéria, onde a manifestação é regida e coordenada por intermédio da mente-mãe elemental.

Esta primeira mente-mãe da matéria consciente de si é a responsável por toda a criação no mundo material e tem o poder de transferir a inteligência recebida aos níveis de consciência subsequentes para a formação da sua estrutura, no entanto, ela exerce duas funções no Universo físico em conjunto com as propriedades das leis que a criaram: primeiro, ela participa diretamente na construção da mente de um novo ser, dando a este consciência própria por intermédio da mente-mãe da sua espécie; segundo, a mente criada deste novo ser, que passa a pensar por si, tendo consciência do todo e percebendo o ambiente pela sua mente atual num corpo físico. Essa primeira mente-mãe material consciente do seu plano participa, neste caso, como uma das leis que projeta os cinco níveis de consciência junto às leis primárias. Esses planos obedecem sempre à lei do triângulo, sendo que três desses níveis processam uma mente consciente de si, e nos outros dois as suas mentes conscientes saem diretamente do coração de Deus em sua unidade, pois há uma correspondência entres os dois mundos por intermédio das leis, e ambos têm cinco níveis de consciência. No entanto, os seres humanos adquiriram uma natureza de consciência dual ao habitar o plano material, ou seja, o homem tem formação dupla em mente e ambas são conscientes do plano onde foram criadas.

As leis primordiais que atuam no mundo espiritual são as mesmas que atuam no mundo material, a diferença está no nível de manifestação e na forma que as produções se apresentam, como também em estado de consciência, pois com a necessidade da criação das leis similares no plano material e pelas atribuições adquiridas pela mente da matéria, outorgada em conjunto com as leis superiores, o mundo elemental adquire os poderes que sempre teve − esta é a razão de "assim como é em cima, é embaixo", a diferença está na apresentação da forma e nas qualidades que cada um exerce, executa e cria sua forma, sempre dentro do propósito que cada nível exerce no seu mundo.

A organização da vibração material só foi possível pelo surgimento de leis complementares no momento da efervescência, no instante do acontecimento do Big Bang, como vimos anteriormente; devemos compreender que cada lei é imutável e vem acompanhada de sua potencialidade, exercendo a sua função conforme os seus atributos e suas qualidades, determinados no princípio ou origem para executar e desenvolver a obra de Deus.

As leis independem de tempo, espaço e forma, pois sua origem brota da unidade e após o seu movimento elas se unem e criam o Universo manifesto determinando sua forma conforme desejado na ideia, sendo que as leis são o próprio Universo e a partir do movimento delas deu-se o início da Consciência Cósmica, pois o Universo é um fenômeno mental consciente, no qual se desenvolvem centros geradores de níveis de consciência e as condições para a formação de forma de vida individual. A vida acontece por intermédio da força vital emitida pelo sistema e acionada pela inteligência da **lei Vida**, que exerce também a função de reorganizar as demais leis para que o propósito da lei execute o fiat lux no mundo da matéria, onde haja um sistema solar com seus astros e um planeta em consonância e harmonizado neste sistema do Universo.

A essência dos elementos ar, água, terra e fogo é representada pela lei espírito, que é a base que dá sustentação ao sistema e nutrição a todas as produções; e apesar de estarem separados uns dos outros na forma física no mundo visível, eles mantêm as suas essências sempre unidas no momento em que surge a ação para a formação de uma nova mente. Os elementos exercem a força da unidade para criar um novo ser com mente objetiva, fazendo surgir algo vivo pela força da sua união; isso acontece em qualquer lugar no Universo físico, desde que se tenha ali um solo preparado para que a lei vida consiga reorganizar as demais leis e fazer com que o Fiat lux da matéria crie uma nova mente, que passa a desenvolver o corpo físico.

Um dos milagres da natureza acontece no momento da fecundação de algo vivo, em qualquer um dos reinos, exceto no mineral. No caso do reino animal, o ser inferior, e mesmo o ser humano, no momento da geração de uma nova mente consciente no ventre da mãe, as leis primordiais estão presentes na ação, no momento do encontro do óvulo e do esperma, que consiste apenas em um aglomerado de células portadoras de uma qualidade e uma função até então. A partir do momento em que o Fiat da consciência material se faz presente pela força do desejo de algo envolvido por um propósito e por intermédio da lei Vida, acontece ali um fenômeno ou milagre da natureza, quando surge uma nova mente pelo encontro de ambos.

Esse processo organizado pela lei Vida reúne nesse momento as forças e a inteligência das demais leis para que o Fiat lux aconteça, dando início a um novo ser, porque a força está inserida na própria Providência que desperta o poder do desejo, e as leis executam a ação do desejo para que o ato se realize, salvo algumas exceções de espécies que se reproduzem independentemente deste ato oposto ao acasalamento. Em outro caso a reprodução se realiza sem haver os opostos; no entanto, as leis também exercem sua ação, pois existe a reprodução assexuada e a sexuada – as plantas tem essas duas maneiras de se reproduzirem, com ação diferenciada do mundo animal, seja por intermédio do pólen ou da semente. Portanto, o desejo provoca a ação da mente-mãe da espécie e as leis agem conforme a determinação do propósito daquele ato em qualquer um dos reinos vegetal ou animal.

A mente-mãe consciente gerada pelo fruto que originou o sistema do mundo elemental e a matéria densa que saiu desta mente – as mentes de consciência mineral, vegetal e animal, acompanhadas da consciência sensorial e mental que são as mentes responsáveis por toda a criação de todas as mentes precedentes, nas quais o extrato destas classes de consciências geram a consciência da mente Astral. Portanto, tudo que for criado na natureza desse estado vibratório, com exceção do mineral, desenvolve instintos com sentimentos necessários para sua própria proteção e sobrevivência individual, a autossubsistência. Toda essa inteligência coordenada pela mente astral, que está inserida na mente-mãe da espécie, é orientada e protegida pela lei do destino, regida pela força cega da natureza elemental, tendo uma inteligência limitada, coordenada pela mente-mãe material e pela mente astral. Suas faculdades são desenvolvidas pela mente-mãe de sua espécie e pelo próprio sentido de existir em um corpo enquanto perdurar seu ciclo temporal de existência.

A mente-mãe, por sua vez, subdivide-se em mentes individualizadas, que passam a ser um novo centro gerador de uma vida criada pelo desejo da espécie, e por este ato surge um novo ser com um corpo físico, e as leis sempre obedecem ao princípio do desejo que define a espécie.

Isto pode acontecer em qualquer parte do Universo, desde que haja um sistema solar com seus astros organizados e um solo preparado e fértil para receber vida em um corpo físico, pois as leis em movimento representam o próprio sistema universal em ação.

Deve haver outras galáxias num estado harmonioso no Universo e com um sistema solar preparado como o nosso e com um planeta similar à Terra, desenvolvido para exercer e acolher as espécies de vidas inferiores ou com inteligências superiores, porque a base da vida é igual em qualquer lugar do Universo, o que pode mudar são as condições, as formas e peculiares desse local.

O planeta Terra, como mencionado, já há muito tempo é o ventre do nosso Sistema Solar, funcionando como o centro gerador de formas de vida na matéria, tanto é que nós e todas as outras espécies vivas o habitamos, sendo esta uma realidade do mundo da matéria. A Terra serve como um laboratório de lapidação do sistema para o aprendizado da energia elemental e de suas criações, e no caso dos seres espirituais habitantes exilados neste planeta, serve também para resgatar a sabedoria dual do ser humano cravado e prisioneiro do sistema material.

    Os seres que vivem no plano material tem 5 janelas básicas primárias de observação para sentir a vida pulsar em si. É a forma organizada que lhes dá a devida consciência de sua existência, que são os cinco sentidos: visão, audição, olfato, tato e paladar, na sua forma material objetiva, que é também a forma de percepção de quase todos os seres inferiores vivos no planeta. No mundo celular e entre outras muitas espécies vivas, há seres desprovidos de algumas dessas faculdades perceptivas em sua forma plena, por estarem ainda num estágio inferior em compreensão do mundo animal, e outros já se encontram num estágio bem avançado na escala da evolução neste plano.

    Os seres humanos são constituídos de uma mente objetiva, que lhes fornece a percepção plena dos cinco sentidos, e de uma mente espiritual, que sutilmente os auxilia a tomar decisões, corretas ou não, a depender de sua evolução espiritual. Essa formação dual dos seres vem acompanhada de inteligência superior capaz de julgar, o que lhes dá uma percepção plena de si nas observações do todo, dentro de uma escala de evolução espiritual individual. Enquanto isso, a percepção dos seres inferiores em relação à energia da quinta essência, representada pela mente da consciência da inteligência do astral, é limitada, o que não lhes fornece a plena percepção de si. Ou seja, uma percepção inferior à dos seres humanos, na qual eles só têm consciência do mundo que os cerca e dos elementos percebidos pelas faculdades das 5 janelas, e são tolhidos de muitas outras faculdades.

Neste estado de consciência, a grande diferença entre os animais e os humanos é substancial, pois nos animais a consciência-mãe se apresenta na forma coletiva. Os animais e todas as espécies de vidas inferiores não têm percepção de si em relação a uma personalidade própria individual, não têm a desenvoltura de julgar, e agem por intermédio da força do instinto da consciência coletiva da espécie regida por uma lei cega desenvolvida pelo destino.

Esta percepção surgiu por intermédio de uma lei similar no momento de criação da matéria, pelo fato desta ter adquirido uma consciência própria, então os seres inferiores agem e vivem conforme a sabedoria e a memória desta consciência coletiva da mente-mãe de sua espécie, regida pela força do destino e tendo os cinco sentidos como as janelas de percepção do seu mundo. Quanto às consciências sensorial e mental, estas fazem parte na formação da mente-mãe das espécies, deixando a individualidade em parte restrita desta consciência pelo fato de a percepção deles sobre a energia das mentes sensorial e mental ser fornecida pela mente-mãe da sua espécie e não diretamente da fonte destas energias de consciência.

Os seres humanos encarnados são constituídos dessas 5 janelas perceptivas regidas pela mente objetiva e comandadas pelo destino, sendo que as consciências sensorial e mental, no homem, são fornecidas pela via direta da origem dessa consciência, dando-lhes pleno conhecimento do seu potencial. Mas o ser humano tem a faculdade de sentir além da mente objetiva oriunda do mundo elemental, uma vez que ele tem a mente de um corpo psíquico proveniente do mundo espiritual percebido nele pela mente subconsciente. Esta dupla formação de mentes do ser humano o torna capaz, por intermédio de faculdades próprias, de perceber além da visão material, além dos cinco sentidos. Esta segunda janela de percepção o torna um ser superior em relação aos demais seres do planeta, e ele pode se conectar por intermédio de sua mente interior com os planos superiores, dando--lhe o poder de perceber pela janela além do mundo da matéria. Quanto ao destino, como o livre-arbítrio habita o homem e ele age e percebe por intermédio destas duas forças distintas, a força que predomina nas suas atitudes e decisões depende do estágio de evolução espiritual em que ele se encontra nesta encarnação.

Como tudo está em evolução na matéria, e a humanidade é detentora de um corpo criado na matéria, os seres humanos, ainda em sua maioria, se encontram com uma visão cega da sua percepção em relação a sua natureza dual. Por isso, vivem percebendo quase que somente sua formação material, seu pensamento obedece e age ainda pelo instinto que faz parte da mente objetiva, deixando em segundo plano o ser espiritual que habita nele. Ele se comporta igual a uma criança no tocante a sua formação humana, como também ao seu ser psíquico, não sabe por que existe, de onde veio e para onde vai ao fim da vida na Terra, pois ainda se encontra num estágio primitivo e de total cegueira, inseguro de si e dos seus atos, mesmo que muitos deles sejam cultos, diplomados em universidades, no entanto, esse conhecimento não lhes dá compreensão e entendimento sobre a sua existência na forma dual – mente-matéria e mente espiritual.

Por não ter conhecimento de si mesmo, o homem acaba desenvolvendo crenças em desacordo com a verdade suprema, alimentando práticas supersticiosas e atribuindo força aos amuletos e a uma série de artifícios, sendo a maioria presa fácil dos espertalhões mal--intencionados que agem denominando-se deuses com poderes sobrenaturais. Muitos homens e mulheres caem nestas armadilhas por falta de conhecimento de sua formação e estrutura como seres duais, e em relação à hierarquia de Eus e de consciências que os tornaram humanos em um corpo carnal. Eles vivem em total perplexidade, sem rumo, perdidos em si mesmos, sofrendo como se estivessem presos em uma redoma, girando em uma roda sem fim, sem ver uma solução ou saída segura na sua jornada. A maioria dos seres humanos vive esse dilema, intercalando momentos de segurança e outros de total insegurança, momentos de felicidade e infelicidade; e quando algum mal os abate, sofrem e têm grande dificuldade de compreender, ficam sem chão, e atribuem os problemas ao sistema ou culpam os outros, tudo por não terem despertado sua consciência em compreensão, vivendo e fazendo parte do sistema universal.

Quando os seres despertarem e obtiverem a consciência sobre sua hierarquia dos eus de consciência que os tornaram humanos e que fazem parte das produções vivas no mundo elemental, inseridos na estrutura do Universo material e da manifestação da própria vida neste plano visível, muitos dos grilhões que perturbam sua mente serão eliminados e eles compreenderão todo o processo da sua existência e viverão em paz.

Entre os tipos das espécies dos seres, tomando por base a função das sete leis primordiais, mais as leis similares, a do triângulo, a do desejo, a da dualidade e a da ação, na formação de mentes no Universo físico, a lei-Vida exerce sua ação no plano material e determina a estrutura e as subdivisões que classificam a qualidade de cada espécie de seres, isto se dá em função de cada uma ter sua própria mente-mãe com consciência na forma coletiva. Os seres humanos têm a consciência da mente-mãe do mesmo material que a dos seres inferiores dentro da forma do corpo transitório que compõe a sua espécie; a diferença está no fato de que os seres humanos têm, além do físico, um corpo psíquico e uma mente de origem espiritual e eterna. Sendo então a mente-mãe do astral que coordena e comanda a mente objetiva de toda criação da matéria, a mente do corpo humano é representada pela sua mente objetiva e age por intermédio do instinto alimentado por uma lei cega regida pelo destino, e a mente psíquica é representada pela mente subconsciente de origem superior constituída pela inteligência da consciência Crística, em que a sabedoria superior habita e é regida pela lei do livre-arbítrio. Esta mente superior se sobressai no ser humano diferenciando-o em inteligência dos seres inferiores, principalmente quando o ser humano estiver expandido sua percepção desta mente interior. Tanto a mente objetiva como a mente subjetiva são centros geradores de vida e cada uma representa as qualidades do seu mundo em uma unidade com o corpo, portanto, elas agem no homem como duas forças distintas, cada uma representando seu mundo e também direcionando os pensamentos e ações de acordo com a inteligência da origem que as criou. Então as forças das leis que criaram estas mentes convergem para manter o equilíbrio mental do indivíduo em uma unidade existente como ser humano de origem superior vivendo num corpo animal. O homem é essencialmente espiritual, visto que a mente interior é eterna e a mente objetiva que formou o corpo físico deixa de existir na transição, porém, após a transição da mente-matéria deste ser, ele continua mantendo a mente astral e psíquica e fazendo parte do mundo elemental sem o corpo físico, mas num corpo fluido e passando a viver num mundo intermediário com estrutura das duas mentes, astral e psíquica, ainda ligado à matéria, visto que a mente astral faz parte do mundo elemental.

Muitos desequilíbrios comportamentais que aparecem na vida do homem são por conta de conflitos entre as duas mentes, e a ciência da medicina tem dificuldade em diagnosticar distúrbios deste gênero, por falta de conhecimento da inteiração entre as duas mentes, o que originou a formação dual do homem, com a mente objetiva e a subjetiva. O homem vive aparentemente sem conhecer os propósitos de cada uma de suas mentes, e apesar disso, ele vive de certa maneira em equilíbrio, salvo exceções. A divergência entre ambas está na origem delas, pois uma pertence ao mundo superior e a outra ao mundo inferior. Elas percebem o Universo conforme a inteligência do plano que as criou e elas são muito diferentes em seus propósitos. É difícil acreditar que temos componentes em nossa formação com desejos tão diferentes, mas é assim que o ser humano foi formado e desenvolvido, ao mesmo tempo em que tem a força do equilíbrio e a sabedoria que o protegem em parte dos extremos de cada mente e a própria natureza converge nesse sentido.

Outra causa que tem influência no comportamento do homem ao longo de sua vida e no seu dia a dia, trata-se de que ele carrega também os conflitos e as recordações subjetivas de encarnações passadas, mesmo que esses conflitos fiquem velados na mente objetiva da atual vida, ainda assim participam dela indiretamente, deixando o homem confuso por não compreender o resgate destes conflitos na atual vida influenciando seu humor, saúde e bem-estar.

No entanto, as produções representadas por mentes individuais na matéria e a estrutura da sua mente consciente se desenvolveram no cerne dos níveis de consciência do mundo elemental. Ou seja, para que uma individualidade tenha consciência do todo e de seu estado de existência em evolução na matéria, este todo deve estar inserido na formação das mentes individuais, e estas, por sua vez, conectadas ao todo da inteligência universal por intermédio da mente coletiva da espécie que a compõe. As mente individuais têm todos os atributos e qualidades da criação inseridos na estrutura dos níveis de consciência e repassados durante a formação da mente-mãe, que por extensão faz parte na formação das mentes individualizadas de algo vivo.

A inteligência de Deus em movimento age no sistema universal sem ruptura, portanto, no Universo não há um milionésimo de espaço sequer sem essência de energia primordial ou da própria Providência. No entanto apenas as formas da matéria e os elementos da matéria em partícula é que estão num estado de mentes individuais, por fazerem parte da criação do desejo da mente desconectada do fruto.

A formação das criações físicas ocupa espaço e são dependentes da lei espaço, tempo e das formas em geral e dos ciclos de existência, onde exercem e obedecem ao desejo da lei do mundo material em evolução, porque são as leis que disciplinam todas as produções. A teoria de que pode haver transmigração de consciências coletivas e individualizadas entre espécies vivas, ou seja, mentes de seres inferiores transmigrarem entre si ou na mente de outra espécie e substituírem ou se tornarem humanos e vice-versa, é totalmente impossível. Quem pensa assim demonstra total ignorância e falta de conhecimento do processo das qualidades, funções, propósito das leis primárias e dos níveis de consciência que são estáticos dentro de uma disciplina regida, e com lógica de correspondência na forma progressiva natural do aprendizado das espécies por intermédio de sua mente-mãe, portanto, não há fusão ou transmigração das espécies vivendo num corpo físico, e não há regressão de mentes das espécies. Contudo o mundo da matéria, como já falado, é imperfeito e pode haver, por intermédio de inteligências externas ou humanas artificiais, manipulações para enganar as próprias leis similares e criar monstros sem personalidade definida temporariamente; ao mesmo tempo, estas criações não conseguem ter uma vida normal e não podem se reproduzir, porque lhes falta na sua essência a lei divina do desejo definida no princípio, aquela que define a espécie, e as leis do desejo e da ação só obedecem pela via natural, no entanto, é muito perigoso mexer com as formas das leis, porque o homem pode perder o controle e ser dizimado do planeta, pelo fato de não conhecer os limites da força das leis.

A progressão da mente-mãe das espécies se realiza pela experiência adquirida durante seu ciclo nos corpos físicos de seus seres, e no final, o aprendizado se concretiza em memória no ciclo de existência na mente-mãe desta espécie. O restante das energias que formaram este corpo e mente será desintegrado na sua morte e a energia das matérias que lhes deu uma forma física retornará à sua base de origem sem perder sua forma.

A ascensão de um nível de consciência de uma espécie, gerada na matéria ao nível superior de consciência do próprio mundo elemental, se processa por intermédio de uma fusão da energia da mente-mãe consciente desta espécie quando ela cumpre sua missão e quando deixa de existir como ser vivente; apenas sua memória permanece na consciência da mente-mãe do astral. Todos os seres gerados na matéria passam por esse processo de evolução um dia, pois todos têm uma missão com começo e fim, e assim sucessivamente até todas as mentes das espécies chegarem ao último estágio de evolução aqui na matéria. A criação das mentes das espécies foi gerada pela inteligência das leis primordiais no plano astral da matéria, no entanto, elas pertencem à mente astral, foi de lá que saíram para viver num corpo físico e é para lá que retornarão sem o corpo físico quando a espécie tiver cumprido seu ciclo no processo de aprendizado.

    A mente astral então hospeda a memória da mente-mãe desta espécie, e no final de seu ciclo vivendo num corpo físico, esta espécie deixará de existir. Então haverá a fusão da essência da mente desta espécie no astral, e isso acontece com toda a vida na matéria; este processo só se encerra quando todas as espécies tiverem terminado seu ciclo de aprendizado, pois elas são uma produção da matéria e é neste plano que tudo se realiza e é coordenado pela inteligência da mente astral. Toda vez que uma das espécies terminar seu ciclo, a sua memória se fundirá na mente astral, e quando isso acontece, o astral eleva a vibração do aprendizado de todo o sistema elemental.

    Esse processo se dá em todos os níveis existentes no mundo material, tendo em vista que chegará o momento da reintegração total do mundo material ao mundo espiritual, e esse retorno se dará pela mente astral, uma vez que ela é a energia consciente detentora da essência de todas as mentes no seu seio, responsável por reorganizar e conceder a inteligência às mentes-mães e por acolher, no final, todas as mentes da matéria.

    A reintegração do plano material só acontecerá quando todas as produções inanimadas e animadas chegarem a um nível vibratório de consciência pleno e harmonizado com o nível vibratório de consciência espiritual; a matéria neste instante deixará de existir na forma vibratória de partículas.

A mente-matéria se distanciou do centro da inteligência de Deus no momento da ruptura do fruto da árvore espiritual, e foi quando a Providência, por intermédio das leis, processou a fórmula para reparar a mente desconecta e ajudá-la na estabilização, visto que esta mente passou a exercer e a estar com sua vibração no caos profundo. Então a Providência forneceu o processo de reversão com o propósito de retorno da energia do fruto; ao mesmo tempo, as leis começaram a estruturar a criação do mundo elemental e tiveram o auxílio das mentes dos seres divinos que desenvolveram mecanismos com a criação de novas leis para buscar e organizar a extra geração, o mundo dissonante. Este processo da manifestação do mundo elemental se desenvolveu aos poucos, pois nada nasceu pronto na criação do mundo elemental, com exceção das essências. Ele se desenvolveu e construiu sua estrutura física, obedecendo à orientação da Providência de Deus que passou a definir, por intermédio das leis, comportamentos da existência de suas produções, primeiro estabilizando parte da matéria bruta do grande Universo físico, e na sequência preparando a criação da vida para dar continuidade à sua obra.

A forma como foi determinada pela Providência a criação material começa a tomar uma diretriz por intermédio da mente-mãe, criando o todo, a lei da ação equilibra os opostos que arquitetam o modelo por intermédio dos níveis de consciência material que passam e determinam a composição de mentes com consciência do seu estado. Os seres criados no mundo espiritual foram enviados com sua inteligência e sabedoria na matéria, com a missão de reatar o elo rompido na separação do fruto, conforme firmado na origem da manifestação material, criando então as vibrações necessárias para recuperar a matéria e tornando-a adaptada à geração de vida inteligente na periferia do corpo de Deus, representado pelo mundo material que se encontrava desconecto até a vinda dos seres espirituais. Aos seres humanos, que são descendentes dos seres espirituais, foi outorgada também a inteligência para que pudessem compreender o propósito do retorno do fruto e dar continuidade à recuperação da manifestação material, mesmo porque a maioria dos homens não tinha, no princípio da matéria, a compreensão da sua missão. Ainda assim, começaram o trabalho inconsciente e necessário sobre a regeneração da matéria, e deles próprios, por intermédio de seu pensamento, que por mais insignificante em percepção que seja, sempre modifica a vibração do todo, pois o pensamento regenera e transforma a vibração do todo da manifestação e essa transformação sempre se processa despertando uma vibração mais elevada e sábia.

Agora quando o homem se conscientizar de que precisa buscar na raiz das leis para compreender como se formou a mente fora da unidade de Deus, sendo a primeira delas a mente cósmica, da qual toda a criação brotou, e que por intermédio dessa tudo passou a existir, adquirirá o poder de transmutar as energias e direcioná-las por intermédio do pensamento para construir o caminho de retorno à casa do Pai, conforme o desejo proposto pela Providência. O desejo da força desse pensamento move montanhas.

Como já vimos, a mente é formada pela junção das qualidades e funções das leis primárias, mais o propósito dos níveis de consciência, em que estes têm a função de disciplinar as produções do Universo, como também manter o equilíbrio de todo o sistema, seja na matéria inanimada ou animada que por sua vez são as produções vivas das espécies existentes no Universo que dão todo o sentido da existência que representa Deus vivo pulsante além da unidade.

A matéria é regida por sua própria mente e pelo seu grande ciclo de existência que denominamos eternidade.

Dentro desta eternidade o mundo é formado de microuniversos, neste modelo sempre tem alguma galáxia ou sistema solar com sua estrela em harmonia e outras não, nada dura para sempre, pois as forças da natureza sempre estão em ação, tanto no sentido de reparar como no sentido de separar, e enquanto não houver equilíbrio o caos vai prevalecer. A própria natureza depois volta a estabelecer novamente a harmonia e a ordem neste local por intermédio de seus mecanismos. A restauração da ordem se processa por intermédio do potencial das sete leis em movimento, que criaram os níveis de consciência, explicado anteriormente na formação do plano espiritual, de como eles determinam a organização do todo, e o mesmo acontece aqui na matéria. A função dos níveis de consciência material também determina e disciplina as produções, os ciclos e o equilíbrio de tudo que existe na natureza elemental.

O modelo que mantém a matéria em si, a força e as energias da geração do mundo inferior está inserido na mente-mãe material, que originou o mundo elemental e cada consciência, seja inanimada ou animada, que se desenvolve a partir desta mente-mãe, da qual saíram todas as subdivisões de mentes de todas as espécies e, por consequência, as mentes individualizadas de toda a criação na matéria e de tudo que existe no Universo manifesto elemental.

Como já mencionamos, a primeira "mente" gerada pela inteligência de Deus, criando a mente cósmica da qual tudo surgiu, representa o Universo invisível e suas subdivisões do mundo espiritual. Ao mesmo tempo, por força do equilíbrio da ideia lançada e por uma necessidade eminente, foi criada a mente material. Veremos então como essa mente-matéria se desenvolveu e criou seus níveis de consciência que, por sua vez, desenvolveram toda matéria inanimada e animada e suas subdivisões, que constituem tudo o que existe na manifestação elemental representada pela mente-mãe da matéria e coordenada pela mente astral.

NÍVEIS DA ESSÊNCIA DO FRUTO

NÍVEL ELEMENTAL – AS ESSÊNCIAS QUE FORMAM A MENTE-MATÉRIA

Para existir e desenvolver a base vibratória do seu mundo, a matéria também foi elaborada pelas leis que exerceram o mesmo processo da criação do mundo superior, ou seja, pela junção das leis das quais surgiu a mente elemental determinada pela Providência, originando a primeira mente-mãe do plano material, juntamente com o potencial de várias outras inteligências, sendo o triângulo que compõe o fruto com os seus atributos, qualidades e funções que estavam inseridos nele quando aconteceu a sua separação da árvore espiritual.

Esta vibração da matéria, além da energia do fruto, contém a extensão da energia do **pensamento em movimento** e o **desejo de Deus, as sete leis fundamentais** e as **leis adjacentes similares** que deram a formação consistente da mente consciência da matéria, que por sua vez produziu a criação das mentes-**mães** dos três níveis de consciência dos reinos, e as mentes das **subdivisões destes reinos** que formaram a existência de tudo que existe na matéria, disciplinado pelos níveis de consciência.

Surgindo do potencial destas energias, a mente astral representa o extrato das mentes do mundo material e é portadora da inteligência deste mundo por intermédio da aliança, tendo a função de se conectar com laços de propósitos com o mundo superior por intermédio das leis primordiais que são a extensão do pensamento de Deus, que está infuso no extrato deste nível da mente astral. Ao mesmo tempo, houve a transferência da inteligência por intermédio da mente astral para a mente-mãe da matéria, que se tornou uma mente geradora de si, subdividindo-se na forma trina e originando as mentes-mães dos reinos **mineral, vegetal e animal.**

OS CINCO NÍVEIS DE CONSCIÊNCIA DO MUNDO ELEMENTAL

1) A formação do primeiro nível

Esse primeiro nível tem a consciência do todo que foi gerado pela mente-mãe elemental, composto pela estrutura do pensamento da origem, da força das leis primordiais, vibração, espírito, bem como das leis de sabedoria, vida, amor e a própria alma de Deus, que na sua junção determina a base, o solo deste plano, como também toda a sua estrutura criada.

O desenvolvimento desta estrutura elemental, juntamente com as leis similares que em conjunto com as leis primordiais disciplinaram e coordenaram todas as produções existentes na matéria, surgindo primeiramente a mente-mãe que representou o primeiro nível de consciência na formação da matéria. Foi a formatação da ideia de Deus, de que todas as energias citadas participaram na criação, e surgindo daí a base em que tudo brota e cria a existência da matéria densa e das suas produções inanimadas e animadas.

2) Nível de consciência mineral

O segundo nível de consciência representa a mente-mãe do mineral. Em sua estrutura, ele tem a função de manter a mente consciente de seu estado e tudo que lhe pertence, sendo o primeiro nível gerador consciente de si, consciência inanimada, que passa a gerar todo o sistema de consciência formado pelo nível mineral. Este nível da matéria é o mais distante do núcleo gerador da inteligência de Deus, ao mesmo tempo, ele tem todas as energias da base da formação da matéria.

A formação da matéria é o solo onde tudo brota, os compostos químicos, orgânicos, formados naturalmente a partir do Big Bang no instante em que se deu a força do calor da efervescência e da velocidade extrema do lançamento da ideia de Deus, surgindo desta explosão o mundo composto da matéria em partículas. Por esse fato os elementos ar, água, fogo e terra se romperam entre si ocasionando a sua separação e formando a matéria densa, líquida e gasosa, com seus atributos.

No entanto, as essências dos elementos permaneceram na forma de unidade, como na origem, antes da manifestação na matéria densa. Essa essência determina a estrutura do nível de consciência conhecido como corpo de energia **espírito**, que neste caso representa a vibração dos elementos com qualidade e propósito, além da estrutura da base da matéria, na qual todas as produções afluem e crescem em função desse solo.

A essência dessa energia **espírito-matéria** faz parte de toda manifestação elemental, seja da formação dos astros, das estrelas ou do espaço sideral. Esse nível não tem consciência de vida como também não tem percepção de si e do seu corpo, mas agrega tudo em sua mente-mãe que mantém a sua forma, mesmo esta mente do tempo não tendo a percepção de si.

A definição da palavra corpo é para dar o sentido de algo com uma função e que acopla as diversidades de energias de consciência em sua base, que na formação de algo numa geração de uma nova mente, chamada de corpo, consciente de si, significa que ele está composto por várias mentes que dão forma ao seu estado por intermédio de sua mente. Por sua vez, a mente mineral, que é desprovida da energia do sentimento, tem a inteligência de sua forma que a mantém dentro do seu estado já determinado.

A passagem de um nível ou estado para outro da matéria se dá por intermédio de uma transformação do seu campo vibratório; esta mudança se processa por intermédio de novas moléculas depostas entre si, transformando a superfície e as vibrações das células, originando outra forma de existir. A matéria por si transforma-se temporariamente e principalmente quando compõe e faz parte de um corpo vivo, depois volta a sua origem, pois ela, neste caso, fornece seu sumo em favor dos níveis de consciência geradores de si e de vida. Do pó formou-se algo vivo e para o pó ele retorna, graças à formação da mente.

A matéria exerce outra função transformando-se por si, ou seja, ela tem o poder de transformar suas células de matéria simples em nobre, de mole para dura e vice-versa. A transformação não é constante e é muito lenta, não é percebida pela nossa visão normal, sendo que a maioria dos metais teve sua transformação e passou a existir no seu estado original durante a efervescência, no princípio da criação da matéria ou dos astros e estrelas. Quando a força magnética e a temperatura alta ou baixa exercem a função transformadora dos elementos, ou acontece a extinção e a criação de novas estrelas, a matéria passa por uma grande turbulência e transformação.

A mente-mãe mineral é formada por um conjunto de mentes da energia-espírito e da qualidade do próprio fruto que originou a matéria, tornando-se o nível que deu e dá a sustentação da base de todos os elementos, sendo ao mesmo tempo composta de inúmeras subdivisões, dentro das quais se encontram todas as produções do mundo mineral: argila, rochas, pedras, pedras preciosas e uma infinidade de outros minerais na composição da natureza universal da mente-mãe mineral. Cada divisão desses elementos tem sua própria mente-mãe que lhes fornece a característica e sua qualidade peculiar. Eles são formados desse tipo por terem uma mente própria que, por sua vez, é a subdivisão da mente-mãe do mineral. Por exemplo, o diamante tem sua própria característica, diferentemente de outros minerais preciosos, por ter sua própria mente, assim como a esmeralda, o ouro, a pérola ou mesmo a argila, e assim por diante. Todos têm sua mente-mãe própria, mas ao mesmo tempo todos fazem parte da mesma mente-mãe do mundo mineral, pois dela saíram. A natureza assim determina. Eles foram formados pela inteligência da Providência e pelo potencial das leis, que determinou a forma, a função e o modelo que eles apresentam na natureza. Esse é o motivo pelo qual cada um tem sua mente, que define a sua forma, proporcionada pelas leis que comandam todo o processo das produções existentes da mente-mãe do mineral, como as subdivisões de mentes.

As caraterísticas básicas das essências de cada elemento já estavam programadas no desejo inicial de Deus, em sua base invisível; com o surgimento da matéria densa eles se apresentam como os conhecemos na forma física. O tempo é o fluxo que define a adequação, a transformação dos elementos ao longo de sua existência, proferida pela Providência conforme a necessidade que o momento da natureza requer. Em todo o Universo manifesto além do nosso Sistema Solar, a base dos elementos é igual, diferenciando, por vezes, algumas características de densidade, cor e forma química em função do seu ambiente. Os elementos densos ou não contêm a vibração do espírito que é a essência por trás dos átomos da sua aparência física.

3) Nível da mente consciência vegetal

O terceiro nível corresponde aos vegetais que é o segundo nível de consciência gerador de si da escala dos reinos. A cadeia de níveis do sistema vegetal também tem sua mente-mãe, que representa a base de todos os vegetais, na qual são classificados por espécies, sendo cada uma delas detentora de sua mente, que é uma subdivisão desta mente-mãe, como acontece em todos os níveis de consciência geradores de uma consciência de si. Nesse nível, a mente-consciência agrega na sua estrutura a mente detentora da energia do sensorial.

No nível dos vegetais a mente-mãe em essência contém na sua formação as energias de consciência que participaram na formação dos níveis anteriores, que é a energia consciência da essência do fruto, e a energia consciência da mente-mãe mineral, e mais sua origem representada pelo nível corpo de consciência da mente **vegetal**. Esta consciência mãe agrega todas as espécies da consciência vegetal. Só é possível a manifestação e a produção deste nível quando o solo que é representado pelo nível mineral ou o primeiro nível gerador de si está em equilíbrio dentro do contexto chamado de microcósmico; neste caso, deve estar situado num sistema solar juntamente com os astros na órbita de uma galáxia em estado harmonioso. No nosso Sistema Solar, a Terra é a precursora neste ciclo e tem a capacidade geradora na formação de algo vivo no momento.

Os vegetais não têm mobilidade de locomoção em sua base, salvo raras exceções em que vão estendendo suas raízes no subsolo ou, em locais propícios, desenvolvendo novas árvores, ou ainda quando são plantas que se definem como trepadeiras. As subdivisões das mentes qualificam cada uma da espécie como seu tipo, tamanho, forma, propósito, qualidade, função e missão.

Os vegetais têm uma qualidade a mais de consciência que os seres do reino mineral dentro da escala evolutiva do mundo material. É atribuído a eles mais uma mente das divisões de consciência na formação desta escala, que é a percepção do sentimento sensorial. O nível sensorial representa o estado de consciência com a sensibilidade desta mente sensível e perceptiva de seu corpo, e a energia essência da vida que está presente nele, e quando o Fiat é acionado pela força das leis, surge a mente consciente do seu estado e a geração da vida se faz presente na forma física, que passa a ser um centro gerador com uma consciência de si e gerador de vida, neste caso, uma espécie vegetal.

A energia-corpo de consciência sensorial está presente em todas as espécies de vida existentes no Universo; essa energia tem a qualidade de sentir o próprio corpo como também as energias exteriores emitidas por toda matéria, seja na forma coletiva ou individual, bem como a da própria natureza. É uma mente que tem o sentimento do todo, inserida também nas mentes individualizadas da espécie. Ela percebe conforme os atributos determinados em todas as mentes dotadas de vida, é uma energia que interliga todo o sistema de vida do Universo; assim como cada espécie desenvolveu sua maneira de perceber seu mundo. Cada tipo ou espécie é uma subdivisão da mente--mãe dos vegetais que determina sua estrutura e maneira de ser, como também uma missão a cumprir. Quando a mente-mãe de uma subdivisão da espécie termina sua missão no planeta, ela deixa de existir, no entanto, a essência de sua mente fica gravada em memória que se funde na estrutura da mente-mãe da espécie que acopla todas as subdivisões de mentes por intermédio da mente astral.

A inteligência da mente sensorial faz parte do conjunto que determina o comportamento das mentes de cada espécie dos vegetais. O girassol, por exemplo, se volta para o Sol e gira sua flor acompanhando a energia da luz e do calor, o que demonstra que ele obedece a uma energia natural; no entanto, a maioria das reações das plantas não são percebidas com o nosso olhar natural, por serem muito sutis, o que dificulta a observação. As plantas não têm a desenvoltura e a capacidade de distinguir o elemento ou a energia que está se aproximando, apenas sentem quando são tocadas. Elas não distinguem o tipo de sentimento, não reconhecem quem se aproxima e não sentem, porque não têm todas as janelas de energias dos sentidos. No entanto, é um nível de consciência que tem uma missão a desenvolver no Universo; os vegetais, além de servirem na nutrição de outras espécies e na purificação do ar, são uma espécie viva que ajuda no refinamento da energia dissonante, que ao longo do tempo vai se aperfeiçoando, e quando uma dessas mentes terminar seu ciclo, esta espécie deixa de existir, mas ao mesmo tempo outras espécies são desenvolvidas para dar sustentação e equilíbrio ao sistema. O princípio do desenvolvimento de uma nova espécie se processa por intermédio do mundo celular na forma de microrganismos; a própria natureza tem as prerrogativas junto com o fiat lux proporcionado pela junção das leis e cria novas espécies.

4) Nível consciência da mente animal

O quarto nível de consciência do mundo elemental representa a mente-mãe animal, que por sua vez é o **terceiro nível consciente gerador de si**, no qual estão inseridos a essência do fruto da mente-mãe da matéria e os níveis de consciência do mineral, do vegetal e a mente--mãe do sensorial que processam as espécies desse nível.

Nesse nível passa a fazer parte da sua composição a energia da mente-mãe consciência **mental**, constituída de uma forma viva de consciência animal. Todas as espécies de seres vivos desse reino fazem parte dessa mente--mãe animal, com a inclusão da consciência do mental. A mente animal tem uma mente mais inteligente em relação ao nível anterior – do vegetal –, e com a capacidade de contribuição maior em relação ao retorno da energia material, por sua inteligência capaz de sentir e mudar a vibração do seu corpo, e por ter o reconhecimento da sua espécie como também das demais. Portanto a mente deste nível de seres vivos adquiriu a função da percepção do ambiente e das coisas; eles passam a ter a percepção da consciência de sua existência e têm a faculdade de exercer funções conforme as particularidades e atribuições específicas de cada espécie, por intermédio de sua mente-mãe que fornece todos os atributos, qualidades e maneiras peculiares de viverem num corpo físico.

Quanto à energia de corpo consciência **mental**, sua qualidade é versátil nos seres vivos por ser uma energia que carrega na sua estrutura o emocional mental, pois é a inteligência desta mente que define nos seres todas as faculdades e perspicácia da sua raça. Esta energia é como a respiração do Universo, o éter que está em toda parte, mas passa a ter uma função específica conforme o estado e o nível de evolução da escala em que o animal se encontra, e ela passa a exercer sua qualidade em ação após a formação de uma mente de algo vivo, independente da espécie de vida animal.

Cada espécie se situa dentro de uma gradação perceptiva do potencial de sua mente. A diferença no grau de potencialidade mental tida por cada um, e que está inserido nessa mente está no desenvolvimento das percepções e funções particulares, pois cada espécie tem um grau mental dessa energia em função da capacidade cerebral e missão de cada mente que vive na matéria, na qual essa energia consciente mental está inserida desde a vida no mundo celular até os seres de grande porte. No entanto, no mundo celular, esta energia participa apenas na sua forma particular de sua mente e eles ficam desprovidos de algumas qualidades desta consciência mental. Portanto a participação desta energia independe de tamanho, forma ou espécie viva no sistema universal; a percepção de si e do todo de cada espécie se apresenta de uma forma gradual conforme a inteligência que cada espécie recebeu para exercer seu propósito no Universo.

No entanto, as subdivisões de cada espécie animal têm uma mente-mãe própria individual que é uma extensão da base da mente-mãe animal, que por sua vez se subdivide na mente específica de cada espécie de raça animal. As criaturas passam a existir e se apresentam de uma forma individualizada numa mente que cria um corpo, e assim surge cada ser vivo com um corpo físico. Cada espécie tem sua característica que define a raça e as suas qualidades peculiares. Quanto à inteligência de cada espécie, ela foi determinada no princípio da criação do Universo, pois no plano material ele foi desenvolvido na forma finita, e suas criações também se comportam desta maneira, já programada pela inteligência da Providência, sendo que cada espécie tem um período limite de existência em um corpo, como também da percepção e compreensão mental inseridas dentro da escala evolutiva de sua espécie para desenvolver sua missão.

A mente animal subdivide-se em centenas de espécies vivas, e sua estrutura está bem acima do nível de desenvolvimento das mentes mineral e vegetal. Seu corpo é formado de carne e ossos, com sistema nervoso detentor de moléculas orgânicas e seus derivados, formando células que desenvolvem, além do corpo físico, todos os órgãos internos, como os aparelhos digestivo, respiratório, circulatório, urinário, cerebral, chacras e centro psíquico, e todos os componentes necessários na formação de um ser vivo perfeito conforme a origem da espécie.

O ser animal tem a consciência **mental** que lhe possibilita a sensação de humor, como alegria ou tristeza, de bem-estar ou desconforto, de frio ou calor, o instinto de autodefesa, a capacidade de obter alimento, de respirar, além de ter seu emocional muito desenvolvido e todas as outras energias que fazem parte da sua constituição como ser vivo pensante dentro dos limites estabelecidos pela mente-mãe a cada uma das espécies. Tudo está unido à energia da mente que o define como uma espécie e à uma inteligência predeterminada que foi agregada ao pensamento da mente-mãe da sua espécie na forma de percepção do mundo em que vive na matéria.

As espécies dos animais têm também a energia de corpo consciente do astral, e esta consciência participa com sua inteligência diretamente nas mentes individualizadas pela via perceptiva da inteligência do destino que tem a função de gerar e manter a estrutura conforme as funções e os desejos que foram determinados. Enquanto no nível mineral a mente astral só participa na construção da mente-mãe, por se tratar de uma consciência inanimada em função deste nível ter um centro gerador de vida apenas na construção de sua mente-mãe, que no caso do mineral não existe.

Na origem da criação do vegetal, o astral participa na construção da mente-mãe, mas é mínima a participação desta consciência nas individualidades das espécies dos vegetais, pois na formação da sua mente-mãe não lhes foi atribuída a inteligência do mental, ficando restrita somente a consciência do sensorial que lhes fornece apenas a possibilidade de sentir sem o poder de identificação e outras atribuições desta mente.

A mente-mãe animal de cada espécie individualizada determina a estrutura física de sua raça, características e qualidades peculiares, percepção do reconhecimento, hábitos, tamanho, cor, maneira de reprodução, de comunicação, a alimentação, locomoção e assim por diante. Toda espécie tem seu propósito e função a exercer neste mundo como também uma missão inconsciente dentro da escala de evolução da matéria. As consciências das espécies englobam todas as espécies e suas produções se apresentam na forma individualizada por cada animal existente num corpo físico determinado pela formação da sua mente-mãe. Portanto, em cada raça, quando uma das subdivisões da mente-mãe conclui sua missão na escala da evolução, sua mente consciência e sua memória se fundem na consciência da mente-mãe da espécie animal, elevando assim a base da consciência vibratória desta mente-mãe num todo e aumentando a sabedoria e fortalecendo a inteligência pelo aprendizado e contribuição desta raça e pelo cumprimento de sua missão; por outro lado, esta espécie ou raça perde a sua identidade, característica e função como mente desta espécie e ela deixa de existir, sua raça não viverá mais em um corpo físico, sua consciência é extinta como mente de sua raça.

A espécie animal não tem uma personalidade própria individualizada, mas sim a personalidade da sua espécie, na qual todo o aprendizado da sua individualidade soma-se à sua mente-mãe, ou seja, a sabedoria das espécies é coletiva e se encontra na base da mente-mãe animal; por fim, todo aprendizado da raça é acrescentado na memória da mente-mãe animal, e o astral tem a inteligência do coletivo de todas as raças que são amparadas e regidas por essa mente.

A energia-consciência mental faz parte também da estrutura dos seres humanos que vivem sem a mente da formação do corpo físico, mas têm um corpo psíquico e astral. A energia-consciência mental acompanha os seres em suas moradas fora da matéria sem a mente objetiva por estar inserida em todas as mentes que compõem o ser vivo, portanto se encontra também na estrutura dos seres espirituais, é a energia que interliga toda a cadeia dos seres vivos nos dois planos do Universo. Devido ao fato de ser uma subdivisão da lei primordial sabedoria, esta lei faz parte na criação de todas as mentes criadas como também nas mentes individuais e na formação de toda a criação, e é por intermédio dessa energia que tudo está interligado.

Nesse quarto nível representado pela consciência animal, no caso o terceiro nível gerador de mente consciente de si, ele incorpora também a consciência objetiva humana. A consciência humana tem na sua estrutura a qualidade sutil que é a mesma do nível animal ao se tratar da mente objetiva regida pelos cinco sentidos, na qual sua sabedoria é comandada pela mente-mãe da raça humana e tendo em si a personalidade individualizada da inteligência do astral inserida na mente objetiva do homem na primeira reencarnação.

A mente astral representa toda a inteligência da mente-mãe do mundo elemental detentora da energia de consciência que administra as consciências do mundo elemental, sendo reparadora e agregadora das mentes criadas nos níveis de consciências da matéria. Esse processo acontece por intermédio da junção das leis e desta junção foi criada a mente objetiva, dando sentido a um corpo com mente inteligente. A mente astral tem inteligência, qualidades e atributos inseridos no mundo elemental, determinado pela sabedoria de todos os níveis de consciência da matéria; é a mente que registra tudo que acontece na matéria e esse aprendizado passa a ser incorporado aos registros cósmicos regidos pela Providência. Portanto, nada se perde, tudo tem uma razão consciente de ser, de acontecer e de existir, uma causa desperta milhões de outros fatos e consequências na estrutura das mentes e do próprio sistema universal, o qual fica registrado nas faculdades da memória do corpo do

Grande Arquiteto do Universo em movimento. Deus é a inteligência na unidade que determinou o movimento, o Grande Arquiteto do Universo é o corpo de Deus manifesto, onisciente e onipresente em movimento e representa a inteligência expandida de Deus.

Por sua vez, a mente humana regida pela matéria denominada como mente objetiva, que dá forma e movimento ao corpo físico, também faz parte desse estágio de consciência animal. Ela tem todas as características iguais aos seres vivos inferiores, dentro do estado e estágio evolutivo das espécies, e exerce sua ação pela faculdade do destino da mente animal. No entanto, os seres humanos são, em essência, seres espirituais, e o maravilhoso corpo é apenas o veículo que serve para hospedar temporariamente as mentes inseridas nele. Mesmo sendo apenas um veículo com validade, ele hospeda o Ser superior e é fundamental no retorno da energia material, pois sua mente objetiva cria e externa energias de aperfeiçoamento, lapidando a energia dissonante enquanto estiver num corpo vivo mente-matéria e ao mesmo tempo carregando e interagindo com a mente superior que habita no homem.

Portanto o ser espiritual que deu origem ao homem, que é o precursor da raça humana, tem, além da consciência da matéria que está inserida nessa mente, todas as mentes mencionadas anteriormente do nível elemental. Por outro lado, o homem é detentor de outra mente, uma mente superior manifesta pela percepção da intuição e parte do seu corpo psíquico, que deu origem à mente interior ou subjetiva que habita o corpo físico. O homem tem essa mente pertencente ao mundo superior, que o diferencia das raças inferiores, os animais. Esse é o motivo pelo qual o homem é dotado de uma natureza dual, tendo mente material e espiritual, e uma inteligência bem acima de todas as criações geradas no mundo inferior, apenas com a inteligência da mente do astral.

A natureza dual do homem é representada pelas suas duas mentes, sendo que a mente objetiva representa o corpo material e é finita, com começo e fim, enquanto a mente espiritual, associada à mente subjetiva que representa o corpo psíquico do homem, é eterna, pois é oriunda do mundo superior, onde foi criada, sendo esta mente denominada e portadora da mente consciência Crística espiritual, que pertence ao mundo espiritual, e criou todas as produções do mundo superior; seria equivalente à consciência da mente do mundo material. A consciência Crística tem uma correlação na matéria por meio da mente espiritual do homem que acompanhou o corpo psíquico quando veio habitar na matéria, trazendo junto os atributos do mundo superior, e sua ação ficou praticamente nula no homem por muito tempo.

Mas é pela retirada dos véus da obscuridade da mente humana que a mente espiritual exerce e participa com mais clareza na compreensão de sua mente objetiva; essa clareza desperta os atributos espirituais e se tornará perceptível no homem quando a mente humana objetiva estiver despertada e puder compreender a relação que existe das hierarquias de eus, que compõem a estrutura do corpo do homem, um ser pensante e gerador da própria consciência universal e particular.

Fazendo um paralelo para entender melhor as mentes material (astral) e espiritual (Crística), é preciso compreender a origem e a formação de cada uma. A mente material tem a mente do fruto o qual compõe todas as consciências pertencentes a ele, que formularam os níveis de consciências que criaram as mentes-mães dos três reinos. Os reinos, por sua vez, criaram as mentes de suas criações, com a participação das mentes de energias inteligentes que formam a mente do sensorial e mental adaptada à matéria, o extrato das energias dessas mentes que são as qualidades e a inteligência delas formam a mente consciente do astral.

O mundo espiritual tem, na sua base, a ideia que saiu da unidade, criou a mente cósmica e desenvolveu as mentes-mães dos níveis de consciência. Esta, por sua vez, criou a mente-mãe de suas próprias produções do mundo espiritual dando origem aos seres espirituais, que se subdividem em três classes, e cada uma mantém sua mente--mãe dos seres espirituais, que compõe o corpo psíquico deles e mais a mente-mãe do sensorial e mental. Essas mentes constituem o plano superior, a soma da energia consciência de todas as mentes deste mundo, formando uma consciência do todo deste plano espiritual, que se denomina mente-mãe de consciência espiritual. A inteligência da essência da energia desta mente forma a mente Crística, e a essência desta mente é o extrato do poder divino; a humanidade a reconhece pela via religiosa como a sutil energia do Espírito Santo. Ressaltamos que é uma poderosa energia.

A consciência Crística, detentora de qualidades e funções que habitam todos os seres humanos na Terra desde a primeira encarnação, tendo sua origem no mundo espiritual, acompanhou o corpo psíquico, que representa nossa mente interior em conjunto com a mente objetiva num corpo carnal denominado ser humano. Vemos então que as estruturas dos dois mundos se desenvolveram por intermédio das mentes dos níveis de consciências que construíram a maneira de se manifestar de ambos e exercer suas funções, no caso, na matéria, num corpo humano, e no mundo superior, num corpo espiritual. Mesmo estando numa unidade corpo, elas mantêm as diferenças de propósitos e a apresentação de suas formas e funções.

5) Nível da mente consciência astral

O quinto nível de consciência é representado pela mente-mãe consciência do astral, que representa a síntese da quinta essência – o extra da inteligência do mundo elemental –, como visto anteriormente, onde as essências das leis atuam e mantêm a forma do plano material em movimento, composto pelos cinco níveis de consciência, sendo a Lei Sabedoria a que cria e molda toda a natureza para que haja uma adequação e um equilíbrio temporário no todo criado, seja nos seres vivos seja em toda a estrutura e nas energias produzidas no plano dissonante fora da realidade primeira de Deus, o mundo material.

A diferença da manifestação e do comportamento da vida na matéria entre as plantas, animais e seres humanos, determinada pela inteligência da mente astral, está no fato de que a vida das plantas tem em sua estrutura a energia vibratória do espírito referente à energia que compõe os elementos mais a faculdade sensorial. O vegetal apenas sente as energias da própria natureza e do contato de outra espécie viva, sua sabedoria se limita à forma de subsistir e manter sua espécie sem traumas de sentimentos e fixas ao solo mineral. A espécie animal contém em sua estrutura um nível de consciência a mais em relação às plantas. Além do sensorial como o das plantas, os animais também têm a mente-consciência da faculdade do mental, que lhes dá a capacidade de sentir, ouvir, cheirar, ver, degustar e distinguir as coisas. Fora isso, têm também o poder de se locomover, o sentido de direção e o sentimento emocional parecido com o dos seres humanos, bem como o reconhecimento com sentimento. Essa percepção tem uma escala de valores perceptivos que varia gradativamente para cada criatura animal conforme atribuição de sua espécie: umas têm a percepção dos cinco sentidos maior ou menor do que outras, pois isso depende do estado evolutivo e do propósito da espécie e sua missão, dentro do esquema natural do mundo elemental com seu sistema corporal, chegando até à perfeição limite na formação deste plano.

Os micro-organismos celulares, por sua vez, têm uma função limitada, pois servem de laboratório para a formação de novos organismos de seres requisitados pela lei sabedoria quando necessário na criação de uma nova espécie, tanto no reino vegetal como no animal, mantendo o equilíbrio da vida e do ecossistema tanto para construir como para destruir; esta transformação e mudança normalmente leva milhares de anos para que surjam novas espécies de plantas e de animais com corpo e mente objetiva desenvolvida.

Em relação ao corpo físico do homem, não há muita diferença nas energias de consciência que compõem a estrutura da sua formação, tratando-se das essências na forma de mente objetiva geradora de si, principalmente em comparação à formação da estrutura dos animais. Todas as energias de consciência que compõem um também compõem o outro, eles têm basicamente os mesmos compostos químicos e energias de consciência na composição do corpo físico.

O grande divisor entre os animais e os seres humanos se deu no momento da entrada do corpo psíquico num corpo físico, o corpo sofreu uma grande mudança, passou de animal para o patamar de humano. Esse ato aconteceu de forma rápida, em um determinado período que existiu num passado muito distante, quando foi implantada uma nova e divina consciência no mundo material. Esse acontecimento foi de grande importância para o mundo elemental e teve a interferência direta da Providência por ter sido um ato de extrema relevância da manifestação do Criador, além de trazer uma grande mudança na estrutura vibratória do corpo das produções criadas pelo sistema elemental, que passou a ter em seu meio um ser com função dupla do seu estado de existir, uma vez que incorpora a consciência e personalidade humana e um corpo psíquico detentor da mente espiritual.

Com esse incomparável sublime ato no sistema da manifestação, o animal escolhido para ter em sua espécie uma mente psíquica adquiriu o poder de pensar além do pensamento da mente com objetivo racional. Ele passou a ter mais uma mente em seu corpo, a distinguir e analisar as coisas, fazendo com que a natureza e as próprias leis espirituais intercedessem a seu favor na direção do retorno, ou seja, para sua origem, mesmo porque as próprias leis convergiram para que ele começasse a sua trajetória de evolução humana, pois até aquele momento tinha apenas um corpo animal com a sabedoria restrita do astral.

A partir da junção das duas mentes, ele passou a ser o intermediário entre Deus e a natureza no sistema universal, com uma grande missão a cumprir, pois passou a ter no seu âmago também a inteligência do mundo espiritual, mesmo vivendo na matéria.

Esta raça que acolheu o ser espiritual deixou de existir como animal a partir de então, no entanto, a memória do seu aprendizado como um ser animal se fundiu à mente-mãe da sua espécie, permanecendo apenas em memória na mente astral. Portanto, a mente do corpo físico do homem não é descendente de nenhuma raça animal existente no momento; o corpo físico humano, desde sua origem ou a partir do momento em que o ser psíquico o habitou, deixou de pertencer ao mundo animal e passou a representar a raça humana, e sua desenvoltura tomou uma forma diferenciada dos demais seres inferiores.

Assim que surgiu uma nova raça na Terra com duplicidade de mentes, chamada de raça humana, a própria Providência amparou sua evolução e a partir desse momento seu patamar de corpo físico passou de animal para humano, um ser totalmente diferente que começou a construir sua história, que teve início a partir da primeira reencarnação do ser psíquico num corpo animal acompanhado da alma anímica que passou a fazer parte da estrutura deste corpo físico.

Este ser agora como humano passou a ter o dom da palavra, desenvolvendo a fala. A essência da palavra é de origem angelical e foi outorgada ao homem na forma de palavra fonética como a usamos hoje. O homem primitivo demorou muito tempo para desenvolvê-la e compreendê-la, e ao longo do tempo a humanidade a transformou em muitas línguas e dialetos, como também em símbolos e na forma escrita.

Tendo em seu poder o dom da palavra para se comunicar e o poder de pensar, criar, idealizar, julgar, questionar a sua própria mente e a dos outros seres, imaginar sua maneira de ser e de viver, tornou-se um ser criativo e com uma inteligência superior à dos animais e com um senso autocrítico, podendo julgar o que é certo ou errado. A criatividade fez com que desenvolvesse bons e maus hábitos, e também o fez observar e contemplar as maravilhas existentes no planeta Terra, o Sol, as estrelas e o Universo em geral. Por outro lado, o ser psíquico que habitou o corpo físico foi tolhido praticamente de todo o conhecimento espiritual que possuía no início da sua nova jornada aqui na Terra. Tornou-se cego da sua origem espiritual mesmo que a sabedoria e o conhecimento o tenham acompanhado e sempre estado no seu âmago. Os véus da obscuridade impostos pela mente-matéria, entretanto, o deixaram ignorante da sua natureza espiritual, e isso ainda acontece na maioria dos homens encarnados, exceções.

    O homem luta desde então para resgatar o conhecimento perdido, a fim de obter o despertar da consciência que tinha antes de chegar à matéria e reeducar a mente objetiva para que ambas o levem na compreensão da sua forma dual de ser e a um conhecimento espiritualizado. De uma maneira lenta e gradual essa compreensão de certa forma foi se desenvolvendo nele e continuará até chegar o despertar pleno. O grande fato foi que o ser psíquico, ao habitar neste corpo animal, provocou a junção com a mente objetiva criada pela mente material, e o objetivo de ambas foi colocar em ação os atributos trazidos pela mente espiritual e desenvolver de uma forma harmoniosa entre elas o trabalho neste plano, pois assim foi determinado por intermédio da Providência que ambas as mentes compreendessem a construção da criação e a si, e assim ampliar os horizontes de ambas como um todo, mas para que isso aconteça a mente objetiva precisa mudar seu patamar de compreensão sobre si. Quando isso acontecer no ser, ele se tornará um novo homem.

Com a chegada da consciência espiritual no plano elemental, a Providência, em conjunto com todas as forças da criação, começou o processo de desenvolvimento deste ser humano e a prepará-lo e ampará-lo, visto que o ocorrido foi muito doloroso para a coletividade das almas anímicas destes seres espirituais que vieram para cá, deixando de viver em sua morada perfeita para se unir e morar num mundo imperfeito. Este acontecimento se desencadeou de forma natural, pois foi preparado pela Providência diante da grande necessidade de unir os dois planos, sendo atribuída essa missão aos guerreiros do Universo, os homens.

Nos grandes acontecimentos da criação, as forças do Universo se unem e neste ato não foi diferente. Estavam presentes o desejo de Deus, a inteligência da Providência, a força da Vontade regida pelas funções e propósitos das leis espirituais, amparadas também pelos outros seres espirituais que permaneceram e permanecem no mundo superior, por eles pertencerem e estarem numa hierarquia superior aos que vieram para cá.

Pois para chegarem no plano material, os seres espirituais tiveram um caminho a percorrer seguindo a lei do triângulo. Os seres que saíram do mundo superior com um corpo consciência psíquica, chegaram primeiro ao plano do nível de consciência do Paraíso – plano superior ligado ao mundo da matéria – e adquiriram então um corpo consciência glorioso. Descendo a um plano vibratório mais baixo, plano intermediário, chegaram ao Purgatório e adquiriram mais um corpo consciência astral para desenvolver o trabalho de retorno da consciência material. No entanto, para realizar algo dessa grandeza tiveram de adquirir outro corpo de consciência do plano inferior ao da matéria densa, a fim de habitarem o plano chamado de inferno, onde a humanidade vive – na Terra ou em qualquer outro planeta do Universo que tenha vida.

    Portanto não foi um acaso e sim uma necessidade eminente a vinda dos seres espirituais, mesmo porque o acaso não existe. Após essa interferência, o plano material passou a se organizar de uma forma vibratória compatível com o propósito das leis superiores; desde a sua criação foi atribuído à matéria o poder e a força do destino, tanto na natureza como nas mentes de origem animal e vegetal. Ao chegarem ao plano material, os seres espirituais trouxeram consigo a inteligência e a força da vontade superior, inseridas na mente psíquica do homem, pelo fato dela ser comandada pela inteligência da intuição detentora do livre-arbítrio, diferenciando-
-os dos demais seres na Terra. Estas leis superiores foram e são as responsáveis por organizar e manter todo o grande sistema do Universo como a interligação de todas as mentes dos planos, porque são elas que determinam o retorno da matéria à sua base, ou seja, à árvore divina que produziu o fruto, e essa preparação do retorno começou logo após a separação do fruto por intermédio das próprias leis, e a partir do momento da ruptura todo o processo passou a convergir ao seu retorno, pois está no seu cerne esta vontade.

    Ao mesmo tempo, faltava a inteligência de uma mente superior vivendo no mundo inferior para fazer esta ligação com a mente superior e interligar o mundo inferior novamente ao plano superior, e esse elo que faltava foi preenchido pela vinda do ser espiritual para habitar a matéria. Deus, o Homem e a Natureza formaram assim a tríade da aliança para proceder no ajuste da energia dissonante e desconecta da energia do amor até então, e a partir deste ato começou o trabalho da reversão da energia, para tirá-la do caos permanente, e esse trabalho continua sendo feito por intermédio de todas as produções da matéria, orientadas pela mente interior do homem sendo ele consciente disso ou não. A energia-matéria passou a existir em função de uma geração criada pelo fruto que se destacou da árvore, como explicado anteriormente, surgindo daí a mente material – uma energia imperfeita –, que tem a sua própria mente consciente por meio da qual tudo se formou no mundo elemental, como também a mente objetiva dos seres humanos representada pela consciência da matéria. Tudo que é oriundo dessa consciência do plano do nível material obedece à sua forma regida pelas leis da matéria e é coordenada pela força do destino.

O plano elemental não é eterno visto que a essência da consciência material um dia retornará ao plano superior de onde veio, pois não há matéria bruta em si na criação de Deus, porque a matéria não existe como algo desejado e criado na forma de partículas na ideia inicial de Deus. Portanto não é algo permanente, porque no dia em que houver a desintegração desta mente-matéria criada quando o fruto se destacou da árvore, ela deixará de existir e será desintegrada pela força de cada lei que a formou no princípio. Então, neste momento, as leis serão separadas desta mente e ela se desintegrará e deixará de existir; no entanto, enquanto durar esta mente, ela é uma realidade existente no Universo com sua forma, função e qualidades que lhe foram atribuídas. A matéria em si tem que passar por um processo de regeneração vibratório que é vencer as adversidades da imperfeição da energia deste plano, pelo processo de purificação tanto dos seres criados por ela, como também a própria vibração da matéria densa na forma em partícula. Quanto ao ser humano, é necessário compreender que sua natureza dual o transformou num ser com consciência dos dois mundos, que originou a formação de suas duas mentes dentro de uma manifestação trina em uma unidade corpo humano.

No fim dos tempos, a essência do mundo material e todas as produções destas mentes retornarão ao seio do mundo superior, e esta compreensão se tornará clara àquele que compreendeu a formação da mente cósmica descrita no início do livro, pois o Universo foi se montando sucessivamente em estados vibratórios na forma mental e se desenvolvendo por intermédio de repetições subsequentes de mentes conscientes criadas e desenvolvidas pelas leis primordiais.

No entanto, no ser humano, o que volta para o mundo superior após o término de sua missão e no dia do juízo final, é a sua memória da mente-matéria purificada e mais o ser psíquico com a sua mente que reencarnou pela primeira vez, dando-lhe origem, acompanhado da alma que brotou do coração de Deus, visto que esta mente da alma universal subdividiu-se em personalidade-alma que transformou o homem numa unidade individual pensante única no Universo para desvendar, compreender e unir o plano vibratório elemental manifesto à árvore divina, portanto, tudo voltará e se unirá a sua base.

Para que a essência do homem se incorpore ao mundo superior é necessário que o todo da consciência material esteja purificado, com a mente sã. Enquanto esse processo de purificação total não se concretizar, o ser humano habitará os três mundos intermediários para cumprir o grande ciclo de existência de sua vida no plano inferior, sendo as reencarnações parte desse percurso enquanto durar a regeneração. Seguindo a lei do triângulo, esse plano elemental tem três níveis ou moradas dos seres humanos, enquanto não chegar o dia do juízo final, que certamente será o dia de horror para as minorias de almas que habitaram a Terra e de uma grande felicidade e alegria para a maioria das personalidades almas, como veremos. Usando o nome da terminologia cristã, mas com outra conotação, são essas moradas que os seres habitam durante sua jornada na matéria. A primeira morada é o Inferno, a segunda o Purgatório e a terceira o Paraíso, pois todos estes níveis fazem parte do mundo elemental.

PRIMEIRA MORADA DOS SERES HUMANOS: INFERNO

O inferno é a primeira morada que o homem habitou após sair do seu conforto, do mundo Angelical. É a residência da ação do aprendizado, onde começa o longo trabalho de recuperação da consciência material, ou seja, da regeneração da consciência do fruto e de suas produções.

É nesse plano de consciência material, como mencionado anteriormente, que a mente objetiva tornou o homem consciente do mundo elemental pela duplicidade de mentes que ele passou a ter, sendo a mente material uma produção dessa consciência dissonante e imperfeita da manifestação. Portanto, a mente objetiva do homem é corrompida na sua base por ser gerada pela mente da matéria – é ela que precisa ser regenerada.

Nestes três estágios ou moradas do homem, dois servem de laboratório para a regeneração do homem: o primeiro é aqui na Terra, onde habita desde sua primeira reencarnação em um corpo físico carnal. É aqui na Terra o seu primeiro estágio para exercer a recuperação da energia dissonante desde que saiu do mundo espiritual, e é neste nível de consciência que fica o pior lugar, chamado de inferno.

Depois de aceitar o trabalho de resgatar a consciência do fruto, o ser humano não pode pular etapas na direção do caminho de retorno, como, por exemplo, viver na Terra e depois ir habitar o inferno ou qualquer outro lugar pior do que o primeiro estágio, no mundo elemental. Isso não procede. Quando aconteceu o advento para os seres espirituais virem resgatar o mundo inferior, eles adquiriram a mente objetiva, portanto o inferno é na Terra, é neste lugar que a humanidade tem todas as mentes e é aqui o pior lugar para o homem viver. Foi na Terra que ele se tornou um ser consciente de si e na sua forma dual de existir em um corpo físico, tendo todas as mentes que compõem a sua estrutura, portanto, toda a hierarquia de eus deve estar junta num corpo para adquirir as experiências necessárias e haver a regeneração.

É essencial para a lei se cumprir que todas as mentes do homem estejam no mesmo lugar e no mesmo corpo, no qual a ação se realiza e sofre as consequências, que provoca a reação de causa e efeito, e é neste lugar do Universo onde o homem mais sofre, e para isso toda sua estrutura tem que estar nele, para que o carma exerça sua função. Vamos supor, caso o inferno fosse na morada para a qual a mente psíquica e astral vai logo após a morte do corpo, a mente do corpo físico não acompanharia o ser nesse lugar, pois a mente do corpo deixa de existir após a morte e, nesse caso, ali ela não passaria pelas experiências. Não podemos admitir que o inferno seja um lugar de punição do homem sem ele estar com todas as faculdades de sua composição ou faltando uma das mentes; isso não teria lógica, portanto, o lugar mais terrível para todas as criaturas, incluindo as de mentes inferiores, é aqui na matéria densa regida pela mente objetiva que originou o corpo físico. É aqui onde tudo acontece, é na matéria densa que o homem tem todas as mentes que formam a estrutura de seu ser com corpo físico consciente, podendo passar por todas as experiências para se regenerar ou não.

Nosso corpo é formado pela mente objetiva e regido pelos cinco sentidos, e tão frágil que pode sofrer todas as dores da carne possíveis existentes no Universo, ser acometido por enfermidades de todo tipo, doenças, ferimentos e torturas, tanto físicas como psicológicas, e todos os males possíveis. Muitas pessoas são esquecidas num leito, aguardando a morte do corpo, sem um tratamento digno, e isso é uma tortura para a mente, deixando-a psicologicamente sem chão.

O homem primitivo, da época das cavernas, vivia como um animal, sem segurança, e ainda hoje muitos vivem assim, enfrentando as maiores atrocidades cometidas pelos dirigentes de suas tribos e nações, sanguinários do passado, como Mao Tsé Tung, Stalin, Hitler, Kublai Khan, entre outros. Desde que temos conhecimento da história, foram praticadas inúmeras barbáries pelos faraós, imperadores e ditadores, desde a época dos babilônios, persas, romanos e muitos outros que dizimavam um povo pelo simples motivo de se manterem no poder e conquistar terras. Infelizmente isso ainda não acabou, sempre existe um déspota cometendo atos de maldade, escravizando seu povo.

Os conflitos entre tribos e nações, em várias partes do planeta, as guerras que até hoje acontecem, as duas guerras mundiais que exterminaram do planeta milhões de pessoas e trouxeram muito sofrimento à humanidade, as pessoas torturadas na própria casa, as drogas que destroem indivíduos e famílias, trazendo grande sofrimento a todos. Em nossa sociedade sempre existiram muitos seres de má índole que matam, torturam e humilham seus semelhantes sem piedade, com métodos de grande crueldade. Pessoas são escravizadas e aliciadas por uma sociedade comandada pelas elites mentirosas em nome de uma falsa proteção e liberdade, mas que não deixa de ser uma ditadura que escraviza seu povo; tudo isso para manter o poder, e parte da mídia colaborando e encobrindo a verdade para proteger as elites sanguinárias, não mostrando a verdade, mas sim os interesses do sistema, e isso também é uma forma de torturar os homens.

Hoje a humanidade é bombardeada pelas mídias que trabalham pelos interesses das multinacionais que induzem as pessoas a ouvirem e consumirem segundo seus interesses, mostrando somente os prazeres da ganância, da gula e as mais diversas delícias da carne, enquanto muitos morrem de fome. Crianças indefesas são abandonadas, bebês são assassinados antes mesmo de nascer, em clínicas clandestinas ou legalmente pela lei do aborto em alguns países. Muitos idosos também são abandonados, sem cuidados e recursos dignos para sobreviver. Isso sem citarmos as outras maldades às quais o homem é submetido pelos sistemas perversos e mentirosos, doutrinados pelas instituições e governos, achando que estão salvos do pecado e que vão para o céu. Que mundo é este? Podemos imaginar um lugar pior de viver do que aqui na Terra?

No reino animal, a situação é ainda mais sofrível visto que todos os seres inferiores não têm segurança, vivem à mercê do ser humano e sua ganância, ficam ao relento passando frio ou calor e sendo queimados vivos quando seu habitat é incendiado; muitos morrem de fome ou sede, uns comendo os outros, devorados vivos sem ter uma maneira de pedir socorro; e o próprio homem os maltrata, e quando sofrem alguma enfermidade ou ficam presos em alguma armadilha, morrem à míngua sofrendo por vários dias. Que mundo é este? Será que foi criado por Deus? Certamente não.

Neste inferno em que habitamos, ninguém pode dizer "Eu tenho uma felicidade plena, constante e nunca sofri enquanto encarnado"; aqueles que nesta encarnação estão vivendo com certo conforto certamente mereceram pela labuta de vidas passadas, mas provavelmente em algumas encarnações anteriores também já passaram por atrocidades de todas as formas e já sofreram muito ou irão sofrer nas próximas. Existe um lugar pior que a Terra para viver? Apesar de hoje em dia existirem por parte dos governos uma certa organização social e leis que protegem os homens, ao mesmo tempo não existe segurança permanente e mesmo pelas leis da própria natureza, pelo fato de nosso corpo físico ser muito frágil, podemos ser destruídos seja pela fúria dos elementos seja por uma simples bactéria ou vírus, pois aqui neste mundo não existe a perfeição.

Qual o motivo então que nos prende à matéria? Por que temos tanto medo da morte? Por que lutamos com todas as nossas forças para viver em nosso corpo físico, mesmo quando ele está doente, enfermo, debilitado, torturado pelo sistema de governos e sociais ou mesmo quando estamos velhos demais, ou padecendo com doenças incuráveis?

O motivo é bem claro para quem compreende as leis da criação e a própria criação da matéria. É assim porque a matéria é prisioneira do seu próprio sistema elemental, prisioneira de si. O sistema dessa mente material, sua formação para ela existir, teve e tem que se autogerar constantemente, e com isso surgiu a fórmula das leis adjacentes. Para que ele possa existir tem que prender tudo em si, nada poderá existir sem a força do reter para si, caso contrário, a matéria não existiria. É essa própria fórmula que desenvolveu a sua maneira de existir, portanto, essa mente-mãe da matéria precisa reter todas as mentes criadas por ela, ou não, para si, esta foi a maneira pela qual obteve a existência temporária, não podia ser de outro modo, pelo fato de ela ter sido gerada fora da árvore espiritual.

O desejo da retração e expansão é a força que predomina no eixo central desse sistema elemental, e ao mesmo tempo, para ele existir, tem que se transformar constantemente, com a destruição da atual forma para geração de outra. A força do desejo necessita reter tudo em si; caso contrário, esta mente-mãe material se desintegraria. Afinal, é esse combustível interno que sustenta a base da própria mente-matéria. No entanto, a própria matéria e suas produções acabam se tornando prisioneiras desse sistema que ela mesma gerou. É como o fogo que consome um pedaço de lenha ou qualquer outro elemento. O fogo, nesse processo, é prisioneiro da lenha, pois assim que ela se esgotar, ele também se apagará. O que permanece livre nesse cenário é o calor e a luz, emanados pelo fogo. De maneira similar, a mente-mãe da matéria e todas as mentes das suas produções estão submetidas a essa mesma dinâmica. A própria mente objetiva do homem que construiu o seu corpo físico prende o ser psíquico e tudo mais junto com ela, e luta para que a vida persista nele, mesmo sofrendo; caso contrário, os seres partiriam assim que surgisse o primeiro sofrimento, e a vida na matéria não existiria. Esse processo se realiza com todas as mentes das produções do universo material inanimado e animado, enquanto a mente psíquica do homem permanece junto, pois ainda não resgatou a sabedoria necessária da mente-matéria para se libertar das amarras da energia dissonante. Portanto, esse é o primeiro estágio do ser na matéria com todas as mentes do corpo físico e psíquico; é aqui na Terra, no inferno, que a luta e a ação se processam. O homem não pode se redimir se não estiver com todas as mentes que o formaram juntas e esse processo só pode se realizar na Terra, porque em qualquer outro plano que ele habitar estará sem a mente do corpo físico e sem ela não haverá a ação nem o aprendizado.

Como pode o homem viver nesse lugar imaginário além da matéria, criado por ele, chamado de inferno, e sofrer todas as adversidades sem a mente da matéria, que é a única mente nele, perversa, dissonante, que pratica o mal e precisa se regenerar pelo fato de sua origem ter nascido da mente do fruto fora da realidade primeira de Deus? Portanto o inferno está na matéria densa, na Terra. É aqui que o homem vive com todas as mentes do seu corpo.

Enquanto o homem não apreender todas as lições, ele continuará prisioneiro do sistema elemental, que é uma força poderosa; isso faz com que tenhamos o medo da morte do corpo físico e não queiramos sair dele, mesmo sofrendo, pois a matéria nos prende com sua poderosa força dissonante e malévola. Quanto à mente dos animais, que não habitam o plano superior, toda a ação e aprendizado deles se processa aqui no inferno, ou seja, na matéria densa. Sua missão também é nobre, pois sua ajuda se dá pelo fato de terem uma mente que cria um corpo; e este corpo, enquanto existir, vibra a energia que transforma os elementos da natureza além do seu aprendizado, elevando a consciência da matéria em direção ao retorno.

SEGUNDA MORADA DOS SERES HUMANOS: PURGATÓRIO

A segunda morada do ser que representa a primeira morada no mundo intermediário habitado pelo ser humano sem a mente do corpo físico é chamada de Purgatório, usando a terminologia religiosa, mas que neste caso tem um sentido diferente por ser um lugar de ida e vinda do homem entre as reencarnações.

Este mundo intermediário que é uma morada transitória entre o estado de consciência da matéria e o estado da consciência do Paraíso, tem um nível vibratório sem densidade física, onde habitam os seres com um corpo fluídico, vivendo no espaço sideral do Universo do mundo elemental, aguardando para retomarem a matéria, para reencarnarem novamente e dar continuidade na sua lapidação em um novo corpo físico. Tendo a estrutura das mentes que os mantêm nesse lugar consciente, eles não sofrem a dor da carne, pois não têm a mente do corpo físico. Não há necessidade de se alimentarem, como os que vivem na matéria, nem de vestimentas, pois têm um corpo fluido que não depende de utensílios necessários para viver num corpo material. Eles também não têm distinção de sexo e não se reproduzem, porque a distinção de sexo foi criada pela mente da matéria e só pertence à mente que forma o corpo físico. Ao mesmo tempo, as reposições da energia que seu corpo fluídico requer nessa condição são fornecidas pelo extrato (plasma) da força dos elementos do mundo elemental, e mais a energia da mente-mãe do astral e a energia vital do Sol, onde o ser está ligado pelo cordão de prata que lhe fornece todos os componentes energéticos para a sua existência nesse estágio. A maneira de se comunicarem se dá por intermédio da via consciência mental; aqueles que partem desta vida com o sistema mental bem desenvolvido terão uma visão perceptiva clara de onde estão e viverão com conforto, pois conseguirão se comunicar e perceber onde estão por conta própria, enquanto aqueles que durante sua vida na matéria se comunicam somente por intermédio dos cinco sentidos e enxergam apenas com os olhos da matéria viverão lá na escuridão e sem perceber quase nada desse lugar, pois não têm consciência de si. Sua mente astral fica inerte perante sua personalidade-alma adquirida na sua primeira encarnação. Fazendo uma analogia, seria como uma pessoa vivendo na matéria sem a visão, ou seja, cega, com sua visão sensorial e mental limitada, e na solidão.

Agora a mente psíquica deles continua na sua missão, pois ela não depende das faculdades do mundo elemental para continuar o seu resgate e preparar o retorno para a próxima reencarnação no plano material, e viver num novo corpo e em uma família na qual possa se ajustar, ajudar e desenvolver suas faculdades e se preparar para viver junto com as pessoas no plano da matéria densa e resgatar junto aos seus familiares o carma, salvo os seres que se converteram para servir somente a energia elemental, que neste estado, durante este período, vivem totalmente na escuridão e na ânsia de voltar para a matéria densa que é o único lugar em que eles podem exercer seu ódio e maldade; no entanto, a dor da sua angústia é permanente neste plano.

O homem de bem que busca aqui sua evolução pode ter uma noção de como será sua estadia no plano intermediário Purgatório. Analisando como vive nesta encarnação, ele pode saber como será a vida fora de um corpo físico sem a mente da visão dos cinco sentidos; as faculdades do ser sem o corpo físico são quase as mesmas que o acompanham no estágio nesta morada. Ele conserva sua identidade e a estrutura das duas mentes, a do corpo astral e psíquico, mantendo a própria alma divina e sua personalidade-alma com as faculdades sensorial e mental preservada e perceptivas. O que o diferencia de um estágio para outro é a falta da mente do corpo físico e seus atributos. O seu comportamento neste estado sem a mente do corpo depende da compreensão que desenvolveu durante a vida na matéria; nesta morada cada um vive por si, pois são células com mente distinta e em busca do portal que o leva ao retorno para reencarnar novamente na matéria e continuar sua evolução, mesmo assim são amparados e ajudados pelas mentes mais evoluídas e que estão presentes e vivendo neste lugar no momento.

Pessoas que partem deste mundo aflitas ou aquelas de má índole, que cometem atrocidades e desrespeitam as leis divinas e as do homem, viverão cegas e angustiadas durante toda sua estadia no Purgatório, pois as lembranças das maldades cometidas enquanto viviam na Terra passarão como um filme em sua mente constantemente e toda a maldade cometida se transformará em drama mental em sua própria mente astral. Por mais ignorante que o homem seja no plano da matéria, ele sabe o que é certo e o que é errado, e o que traz dor e sofrimento a alguém ou à natureza. Nesse local, o ser não tem a mente do corpo físico – que é a mente que sofre e sente a dor física, com alguma mutilação ou doença; por isso ali não se sente dor. Agora, as lembranças que transformam a dor da angústia e a dor mental que também sentimos aqui é o que massacra nesse estágio da vida, e isso será permanente; esta é a dor sentida e sofrida nessa morada. Portanto, quem é perverso, maldoso e criminoso na Terra não terá alegria nesse lugar.

A vida sem o corpo físico não tem possibilidade de realizar a ação para transformar ou desfazer o mal que foi feito enquanto encarnado, portanto, não existe maior dor do que a angústia perturbando a mente o tempo todo, sem poder fazer nada para mudar essa tristeza, visto que a mente psíquica neste plano também não pode reverter os erros da sua coirmã; neste lugar todos são mantidos ainda presos na lei do tempo e espaço.

Já as pessoas que tiveram uma vida voltada para o bem, cujas ações prevaleciam sempre na direção de servir e aliviar a dor dos demais seres e da própria natureza, ao reverem o filme em sua mente confortam-se e vivem com a sua mente desfrutando alegria, ou alternando um sentimento de alegria ou tristeza, porque a mente do ser vivendo no Purgatório com certeza se encontra ainda no estágio de resgate do conhecimento do plano da matéria e ainda é imperfeita. Somente quando ele se purificar por completo na matéria passará a habitar no Paraíso, portanto, ainda sofre algumas consequências de dor mental neste lugar, uns mais, outros menos.

A permanência neste estágio vibratório depende de muitos fatores, o principal são os intervalos entre uma reencarnação e outra que é regida pelo ciclo do tempo determinado pela lei da criação da mente material; no entanto, existem outros fatores como o da disponibilidade de novos seres com corpo físico nascendo para reencarnar na matéria, e as similaridades de almas compatíveis para evolução em família e na sociedade, para desenvolver um aprendizado que seja de acordo com a missão de cada um, comandado pelas forças que governam este plano material por intermédio do destino; portanto, os seres neste estágio entram numa fila para reencarnarem novamente.

O Universo material é tão grande que o homem não pode afirmar seus limites físicos, mesmo com tecnologias avançadas desenvolvidas pela humanidade, no entanto, certamente haverá outros bilhões de planetas habitáveis neste Universo visível. O corpo fluido dos seres também obedece à lei cíclica do mundo material por pertencer a esse plano, mas nada impede dele habitar um corpo físico humano em outro planeta e continuar a sua evolução material num novo lar e em outro planeta no plano físico, isso depende de o estado de evolução nesse lugar ser compatível com a vibração que a personalidade-alma requer para que ele viva, aprenda e evolua. Ele tanto pode permanecer no Purgatório para completar o ciclo de cento e quarenta e quatro anos, ou permanecer por um período menor no purgatório e terminar seu ciclo em um novo planeta similar ao nosso se for o caso. O ciclo da lei da reencarnação pode ser antecipado ou alongado entre os intervalos, desde que no final de várias reencarnações ele obedeça ao ciclo de cento e quarenta e quatro anos.

Sabemos que no plano material os meios nem sempre obedecem com rigidez às leis, por terem sido criados pela energia vibratória imperfeita, mas, no final, eles sempre chegarão à medida que a lei determina. As mentes num corpo físico obedecem à escala de evolução, os planetas também obedecem à lei da evolução e são preparados pelas leis do sistema elemental coordenado pelas leis superiores, portanto, dependendo do estado de evolução do ser, ele pode habitar em outro planeta, no qual vivem seres humanos compatíveis com as suas necessidades, em busca do seu despertar. Existem planetas que ainda não acolhem seres humanos; neles só vivem seres inferiores. Voltamos a frisar: o Universo é um só, desde a formação de sua base às suas produções, como a vida num corpo físico, que dependente do Sistema Solar e da galáxia em harmonia.

TERCEIRA MORADA DO HOMEM: PARAÍSO

A terceira morada dos seres é chamada de Paraíso, que é o segundo estágio sem a mente do corpo físico, antes de acontecer o evento do retorno ao mundo superior, a casa do Pai.

O termo Paraíso, o mesmo usado na religião, neste caso tem um outro significado pelo fato de pertencer ao mundo elemental e não ao espiritual. Esse local intermediário se encontra entre o mundo elemental e o espiritual, no campo vibratório especial no espaço sideral. O Paraíso, ou Jardim do Éden, como muitos o chamam, é um lugar sublime habitado pelas mentes puras e sãs dos seres que têm pleno conhecimento dos dois mundos anteriores, a matéria e o Purgatório. Esses seres não precisam mais reencarnar em um corpo físico, pois têm um corpo fluídico igual ao que tinham antes de habitar a Terra. São aquelas personalidades almas que já resgataram todo o conhecimento perdido no momento em que vieram para a matéria e agora libertaram o eu psíquico da prisão desde a primeira reencarnação no mundo material.

O Paraíso faz parte do mundo elemental e foi criado no princípio para acolher as almas purificadas. Nele elas podem viver sem trauma de consciência, na paz plena e na espera do dia do juízo final, enquanto o grande ciclo da matéria não concluir seu resgate. Os seres que chegaram a este estágio foram emancipados e mesmo assim mantêm laços diretos com a matéria, ou seja, estão ligados por intermédio do cordão de prata que interliga a mente astral com a mente espiritual, no entanto, é por intermédio destes seres iluminados que os homens recebem orientação do plano superior; eles continuam tendo o papel de ajudar a reintegração do todo. Este estado vibratório só vai transcender o mundo espiritual quando acontecer a desintegração da mente-mãe da matéria por completo e o mundo dissonante da mente do fruto deixar de existir.

Os seres que passam a habitar esta morada adquiriram a bênção por terem cumprido a tarefa da busca individual do conhecimento perdido e ajudado no tratado da aliança feita quando se propuseram a habitar na Terra; no entanto, agora chegaram num estágio de evolução espiritual em que atingiram o topo da pirâmide e receberam o privilégio de manterem contato direto com o primeiro nível de consciência do mundo espiritual, no estado de nível de consciência angelical, do qual os seres espirituais saíram para habitar o mundo elemental. Eles agora têm compreensão plena e receberam a glória da maestria de Mestres Ascensionados com mente sã, que dominam as leis da natureza e participam da fraternidade supraterrestre, seres com conhecimento pleno do todo, igual ao que tinham quando foram designados para resgatar a vibração da matéria e cumprir o tratado firmado pela aliança. Por enquanto este trato foi cumprido individualmente apenas. O cumprimento pleno desta aliança entre as duas mentes, espiritual e astral, se dará no final da existência da matéria, ou seja, no dia do juízo final. Esta aliança firmada no princípio foi simbolizada pelos sábios do passado que a chamaram de "a arca da aliança". Muitos a procuram até hoje como algo físico, no entanto, não se trata disso.

Mesmo tendo alcançado a evolução plena, essas almas ainda continuam ligadas ao plano da matéria, com a missão de ajudar na evolução da humanidade e de todo o sistema elemental, sem interferir diretamente no seu carma. Neste lugar privilegiado, elas enviam orientação por intermédio da faculdade mental, independentemente do credo ou do estágio de evolução que o homem se encontra na Terra, tanto individual como coletivo. No entanto, a interferência maior se dá na forma coletiva ajudando nações e povos de uma maneira sutil, sem interferir no carma da nação e da humanidade em geral, pois sabem que é aqui, num corpo físico, que o processo de lapidação e o resgate da vibração deste mundo perverso acontecem. Para que as mentes saiam das trevas para a luz, as leis naturais não permitem a transferência de sabedoria e aprendizado espiritual; esse despertar brota do íntimo de cada um, o que alguém pode e deve fazer é aliviar o sofrimento por intermédio de orações ou aplicando diretamente energias curativas e de bem-estar pelo poder da mente.

Cada um tem seu carma, adquirido desde a primeira encarnação, além do peso da consciência da matéria que carrega em sua vida, por ela ser uma mente perversa e maculada pelo pecado original. O aprendizado do conhecimento superior deve ser resgatado individualmente, pelo conhecimento ou pelo sofrimento. O sofrimento não é necessário, mas ajuda o homem a voltar seu pensamento às origens e refletir sobre o apego à matéria e a enxergar apenas com os olhos da mente objetiva.

Este processo de evolução ocorre por intermédio de seu próprio esforço, desabrocha de dentro de si desenvolvendo a sua compreensão por intermédio do conhecimento que ele adquire sucessivamente em todas as vidas habitadas em um corpo físico, e pela luta de sobrevivência que os seres exercem nesse plano levando-os a sofrer a dor do corpo físico, infelizmente, porque é esta mente objetiva que os tornou conscientes da matéria e é onde reside a perversidade que os leva ao erro. Os seres evoluídos sabem disso, pois viveram o drama da evolução em um corpo físico com suas duas mentes na Terra. Muitas destas mentes evoluídas não precisavam mais viver num corpo físico, mas quando a humanidade necessita de ajuda extrema, algumas dessas personalidades-alma saem do seu conforto e se sacrificam novamente vindo habitar entre os homens num corpo físico, para ajudar a humanidade a sair das amarras e das trevas da consciência material. Tais seres são chamados de Avatar, e muitos deles não apareceram nem aparecerão em destaque na sociedade, vivendo no anonimato, cumprindo sua missão de elevar a vibração da matéria. Sendo almas ascensionadas, a sua fecundação se processa de uma forma divina, pois são puras e de mente sã. Esse fato é muito raro de acontecer e foram poucos que habitaram junto à humanidade.

    O Paraíso é um mundo vibratório que deleita a perfeição, onde a glória de Deus está presente e a felicidade é permanente. As mentes iluminadas que habitam o Paraíso formam a egrégora divina e têm um portal de comunicação direto com o plano superior espiritual, pelo qual recebem orientações pela egrégora das mentes dos seres angelicais. Estes seres angelicais, por sua vez, transmitem orientação para a humanidade por intermédio da egrégora das mentes do Paraíso na forma da energia conhecida como Espírito Santo, que representa a sublime inteligência da consciência superior, pois a obediência de hierarquia é uma lei estática permanente. Enquanto viver na matéria densa, a humanidade não tem a competência de se comunicar diretamente com o mundo espiritual superior uma vez que ainda tem uma mente impura. Porém, o homem pode se comunicar diretamente com a egrégora das mentes que habitam o Paraíso, que é um plano superior intermediário, com consciência pura ligada à matéria, em que a energia do Espírito Santo se faz presente por intermédio da egrégora dos seres espirituais. Estes fazem a ligação com a egrégora dos seres do Paraíso, visto que todo pensamento é acompanhado de um desejo e precisa seguir uma ordem hierárquica e passar por um filtro, e quando emitido pelo homem que vive na matéria, por mais sincero que seja, só poderá alcançar até a energia vibratória do Paraíso, enquanto viver num corpo físico.

Estas são as três moradas da mente-consciência humana que, como colocado, começa na matéria densa Inferno, passa no Purgatório, aguardando o retorno para o mundo do aprendizado novamente, e quantas vezes forem necessárias, e finalmente habita o Paraíso após a purificação, e ali aguarda a reversão final da mente do fruto e suas produções.

O processo da manifestação continua sua ação e a Providência em conjunto com as leis primordiais que criaram os planos de consciência da matéria e que foram desenvolvidas por intermédio do acoplamento de mentes de consciência criadas no princípio pelas leis, nas quais surgiram os níveis de consciência que construíram a fórmula do homem da maneira como ele se apresenta, ou seja, o homem é constituído por uma hierarquia de eus, e cada eu representa um estado de consciência que faz parte da construção da mente do homem num todo. Conforme o homem evolui em direção ao retorno à perfeição, ele vai eliminando gradativamente algumas destas mentes de consciência, como alguns instintos inferiores que, neste estado mais evoluído, se tornaram desnecessários na composição do seu corpo, visto que a criação da matéria densa surgiu num piscar de olhos logo após a criação do mundo espiritual, no princípio ou origem da manifestação do todo. Por que num instante depois, como num piscar de olhos? A mente-matéria não podia estar no pensamento inicial de Deus no início da manifestação, se ela estivesse participando na ideia naquele momento, ela não existiria na forma como foi criada; seria uma criação perfeita e sua existência não precisaria de uma geração própria independente e precisaria exercer a autodestruição e transformação para se sustentar e percorrer seu ciclo como já descrito anteriormente, bem se ela não estava na ideia de Deus, pensado no início da criação, então quem criou a vibração e a forma da matéria?

Fazendo uma analogia com o pensamento do homem, guardadas as devidas proporções, quando idealizamos alguma coisa, primeiro surge uma ideia do que queremos e depois damos forma a essa ideia, se assim desejarmos. No entanto, logo que passamos essa ideia adiante, a outras pessoas, no mesmo instante nós perdemos o controle sobre ela, visto que alguém pode colocá--la em ação, distorcê-la, desenvolvê-la da maneira que quiser e dar a ela muitas outras formas. Se colocarmos uma ideia criativa nas redes sociais, assim que ela começar a circular nós perdemos o seu controle, do mesmo modo que se jogarmos uma pedra para o alto também perdemos o controle de sua direção, e isso se dá assim que ela sai das nossas mãos, porque não sabemos qual estrago que ela pode ocasionar ao cair.

Na gestação de um ser no ventre da mãe, mesmo dependendo dela para existir, ser nutrido e se desenvolver, o bebê passa a exercer sua vontade de forma independente;

quando a mãe dá à luz, no momento que é cortado o cordão umbilical do bebê, a mãe perde essa ligação com seu filho, a criança passa a respirar e pensar por conta própria e depois segue sua vida independente da mãe. Sem compararmos a relevância dos fatos, este foi o que deu origem à matéria na forma de partículas; Deus pensou e idealizou a árvore, e esta criou o fruto e o fruto dela se rompeu e tomou vida própria. Do mesmo modo, a ideia lançada e movida por Deus desenvolveu a sua fórmula, da qual surgiu a velocidade e o calor extremo, como explicado anteriormente, o que ocasionou o surgimento da efervescência, resultando no Big Bang, portanto, assim foi criado o mundo material – todo pensamento quando criado e desejado toma forma e quem o pensou perde o controle sobre ele. A existência do Universo é uma repetição dos fatos pensados em forma de ideia.

Ao mesmo tempo, Deus, que é a inteligência suprema, deixou que o fruto surgisse e percorresse seu caminho com vida própria. No entanto, não perdeu o controle do fruto da árvore; fez como a mãe faz com seu bebê, logo que ele nasce o traz aos seus braços mesmo sabendo que ele tem sua própria mente criativa e o livre-arbítrio.

Deus designou as leis – que são uma extensão Dele mesmo – para reparar o mundo material e trazer essa vibração dissonante ao Seu próprio seio e domínio. No entanto, essa mente exerceu seu poder e criou seu espaço no mundo como fez a criança que exerceu sua própria vontade e traçou seu caminho, originando a energia do tempo e espaço que Deus não tem no Seu seio. Esse fato foi a causa que gerou a mente com poderes próprios na fórmula dissonante, a qual não estava na ideia inicial de Deus, mas que Ele, com Sua bondade, permitiu e acolheu em Seu corpo manifesto na sua parte periférica.

Como já mencionado, para que essa mente-consciência da matéria pudesse existir, foi preciso que se sustentasse, pois ela não tem a energia emitida no coração de Deus em unidade e teve de criar seu próprio movimento, a sua própria energia, para poder se autogerar. Daí surgiram as forças de coesão e de expansão que trabalham no sentido de construir e de destruir, uma repara enquanto a outra separa, e assim o mundo elemental se manteve e se mantém em movimento além da energia da árvore, com a energia de seu próprio fruto, o que requer um consumo de energia incalculável para manter o Universo físico e a energia-matéria em movimento. Cito novamente o exemplo do fogo: para que ele possa se manter aceso precisa consumir algo que sirva de combustível e ao mesmo tempo os demais elementos criados pela matéria também fazem parte desse processo; o fogo fica prisioneiro de si mesmo, enquanto os outros componentes gerados pelo consumo da matéria são livres. Quando acaba o combustível, ele apaga, e os componentes que geraram o fogo se tornam elementos modificados. O mundo material, no seu todo, também é assim – ele precisa de transformação constante para existir e é sua própria energia matéria o combustível que o sustenta, senão ele se desintegra. A força de equilíbrio trabalha no sentido de harmonizar os opostos e manter a matéria num constante movimento harmonioso, nada é estático, tudo se transforma.

    Deus pensou, manifestou e animou sua criação por intermédio de Suas sete leis primárias e o desejo é a força que move e sustenta a matéria. No entanto, para manter a criação material em ação e direcioná-la ao retorno após a separação do fruto e atar o elo que faltava, foi outorgado ao ser psíquico espiritual do homem fazer e exercer o elo de intermediação entre os dois planos por conta da aliança firmada no princípio, para trazer de volta o filho que saiu de dentro de si, o fruto da árvore espiritual.

O ser espiritual que habitou e ainda habita a matéria é o elo entre os dois mundos, e foi ordenando ao eu psíquico, a mente interior do homem, que restaurasse e fizesse a reintegração da matéria e de todas as mentes criadas neste plano, para que se purificassem e realizassem sua missão de resgate do conhecimento perdido; não há sossego, calma ou tranquilidade no mundo material, é uma luta constante.

O homem com mente material e mente espiritual interfere no todo do Universo por intermédio do pensamento, seja ele consciente disso ou não. As mentes inferiores também têm uma grande importância na evolução do todo da matéria, e é por intermédio de sua mente coletiva e de um pensamento sempre voltado para o aprendizado, com o desejo de buscar inconscientemente o aperfeiçoamento de seus atos que surge a força que move a sua geração para a subsistência permanente dentro do propósito preestabelecido e guiado pelo destino, porque é neste plano, por intermédio da energia do desejo e da ação, que tudo se processa e onde se adquirem novas experiências, e desta experiência surge a energia que eleva a inteligência de todas as mentes até a perfeição necessária para a restauração do todo, cumprindo a missão outorgada à mente-matéria.

Os vegetais também têm sua função no despertar desta consciência material; eles externam vibrações que dão equilíbrio, tanto das suas espécies como da própria natureza por intermédio do fiat lux material. Em cada renascimento ou morte o fiat lux é acionado, criando a poderosa vibração viva do sistema que aumenta o aperfeiçoamento de suas espécies e do mundo elemental. Mesmo a mente do mineral tem a energia que o impulsiona à transformação que se dá por intermédio de células subpostas que aperfeiçoam os seus elementos, que externam energias sempre no sentido de elevar a vibração da sua mente-mãe num patamar energético próximo da vibração que era antes da separação dos elementos. Nada retrocede em vibração, tudo leva sempre a um aprimoramento e refinamento da energia do todo.

    O plano material detentor de uma mente com consciência própria desenvolveu, por intermédio da força que o criou, a existência do tempo e do espaço que podemos chamar de eternidade de existência, com uma estrutura própria desse Universo manifestado na forma física e estruturado pelas sete leis primordiais. O planeta Terra, como mencionado, é um dos lugares do Universo há muito tempo propício para desenvolver mentes individuais com uma consciência que manifeste a vida.

    Durante muitos milhares de anos, os micro-organismos e as criaturas da Terra foram se aperfeiçoando até atingirem o estado de evolução como todos os seres se encontram hoje, e esse aperfeiçoamento continua sempre se aprimorando. O início da vida na Terra começou pelos micro-organismo celulares e unicelulares que foram se desenvolvendo gradativamente. A lei Sabedoria, como a lei vida, teve o papel de organizar este sistema da vida celular, do qual foram se desenvolvendo as espécies de vida aquática, vegetal e terrestre e todas as produções vivas existentes até hoje e de muitas espécies que já não existem mais, pois cumpriram sua missão, bem como outras que estão sendo preparadas para o futuro com a função de manter o equilíbrio da mente animal, do ecossistema e da natureza.

Assim que surgiu a criação da matéria, a Providência Divina e a Natureza desenvolveram os níveis de consciência material, criando os reinos e os aperfeiçoando ao longo do tempo, usando o poder das leis primordiais para a formação de mentes, com o mesmo processo utilizado na criação da mente cósmica, sendo que ela foi a primeira a ser criada. O reino animal tem uma função especial no esquema universal e se destacou com suas criaturas. Quando uma espécie estava com sua desenvoltura pronta e o planeta apto para o grande feito, com um deles certamente preparado desde o seu início e entre os animais uma espécie afortunada, a Providência o selecionou e o preparou junto com a natureza para receber no seio do seu corpo físico a vinda de um ser espiritual. Esse ser inferior foi escolhido pela sua desenvoltura peculiar, por suas características e todos os atributos necessários, com os sentidos vitais de um ser bem desenvolvido física e mentalmente, perspicaz, capaz de usar e exercer os cinco sentidos – audição, paladar, olfato, tato e visão – com muita maestria e com um cérebro estruturado e adequado para as adversidades de viver no planeta, escolhido pela Providência por ter se destacado em inteligência entre os demais seres inferiores vivendo no planeta Terra.

Este ser, com uma estrutura acima dos demais e preparado pela Providência e pelo sistema dentro da escala de evolução das espécies animais, foi tomado pela alma anímica de um ser superior acompanhada por um corpo e mente psíquica, que passou a habitar o corpo dos bebês no momento do seu nascimento, entrando pelas suas narinas juntamente com o sopro da energia vital e a alma divina na sua primeira inspiração. Então, como acontece no processo das reencarnações dos humanos, a partir do momento em que recebe o influxo de uma mente superior em suas narinas na primeira inspiração, o bebê deixa de ser animal e passa a ser humano.

Entre os muitos fatos relevantes da criação, este foi um ato do qual Deus participou diretamente e com toda a força das energias de Suas leis, para que a energia desconectada do amor universal até então recebesse em seu seio a consciência superior perfeita pela mente psíquica do homem. Este foi um dos grandes acontecimentos da criação no qual a humanidade teve e ainda tem o papel central da recuperação da mente material e de suas produções, sendo um dos atos de maior relevância de toda a manifestação, tão importante quanto a separação da mente do fruto da árvore espiritual. O trauma foi tão grande na consciência anímica desses seres espirituais que vieram a habitar a matéria, que até hoje a sua maioria vive cega de si, e muitos não irão se regenerar até o dia do juízo final, pois aderiram por completo e por livre escolha à mente imperfeita, não tendo no seu interior o desejo da regeneração. São aqueles elementos que têm grande capacidade de inverter a compreensão das leis e dos valores morais do homem e da natureza por intermédio da mentira, são os que vestem pele de cordeiro, mas que no seu interior são verdadeiros demônios, seres que não têm o desejo de dar continuidade à obra de Deus, que alimentam em seu interior o desejo somente da mente da matéria, sem o desejo de fazer o bem, mas sim o mal até o fim dos tempos. Este acontecimento foi uma chaga no corpo de Deus manifesto, que vai levar uma eternidade para ser curada, no dia do juízo final, como Jesus simbolizou na sua crucificação.

A consciência material existe desde o princípio desta forma e ainda continuará por muito tempo; é impossível determinar pela consciência humana quando sua regeneração chegará ao final, no entanto, as consciências dos seres inferiores existem por muito tempo na Terra e bem antes do ser humano habitar no seu seio.

A nossa humanidade habita o planeta por muito mais tempo do que sabemos e do que a história nos conta, perto de um milhão de anos, e ainda se encontra submersa na cegueira espiritual. A maioria não despertou para o grande compromisso firmado pela aliança entre a consciência Crística e a consciência material astral, na qual foi atribuído ao homem a responsabilidade de construir a engrenagem para unir as duas mentes, como idealizado pela inteligência de Deus no momento da criação da mente do mundo elemental.

A partir da primeira reencarnação dos seres espirituais, vindos para a matéria com sua estrutura e detentores de um corpo psíquico acompanhado de uma alma com consciência anímica espiritual para se unirem ao corpo carnal, o ser inferior recebeu no seu seio uma consciência sublime que o transformou num ser com personalidade e alma própria, dando origem aos seres humanos em uma unidade de inteligência superior entre os animais e com a formação da natureza dual. Esse ser que recebeu a duplicidade da mente, até então considerado um ser animal, deixou de existir nesse estágio e passou a se denominar ser humano pela entrada no seu corpo da mente divina que o acompanhará até o fim dos tempos. Esse fato modificou a estrutura de sua mente-matéria, tornando-o um ser inteligente, pensante e criativo, para dar continuidade à recuperação da energia dissonante no corpo de Deus.

A raça animal passou a emprestar seu corpo físico ao ser superior a partir daquele momento, e os adultos que não participaram diretamente do evento, como aconteceu com seus filhos, ainda assim tiveram a proeza de gerar aqueles que deram início à raça humana. Então, conforme os pais foram morrendo, ficando vivos no planeta apenas os filhos, os que tinham no seu seio um corpo psíquico, com a alma anímica, passaram a constituir a raça humana. Essa raça animal que emprestou seu corpo físico foi extinta quando o último animal que não tinha a alma anímica morreu. Sua mente-mãe e sua memória, exercidas durante todo seu ciclo como animal, se fundiram com a mente astral conforme explicado quando da fusão de mentes de raças que deixaram de existir por terem cumprido sua missão. Portanto, o corpo do homem não é descendente de nenhuma raça animal existente atualmente, pois esta que nos precedeu foi preparada desde seu princípio para acolher as mentes espirituais e sua mente animal foi extinta por ter cumprido sua missão.

Este ato é o grande divisor entre seres humanos e animais, um abismo que a ciência não consegue compreender. A ciência tampouco pode delinear uma perspectiva que explique a humanidade, ou a razão pela qual os humanos são dotados com uma inteligência superior à dos animais. Embora tenham corpos dotados das mesmas características genéticas, os seres humanos têm uma estrutura física superior e uma inteligência muito mais aguçada para a execução de suas tarefas.

O corpo agora humano foi preparado pela consciência da mente-matéria que se desenvolveu no próprio planeta, isto porque o nosso corpo físico não pode ter vindo do além ou de um outro planeta. As próprias leis da natureza material não têm na sua estrutura o recurso de se deslocar com um corpo físico no espaço a grandes distâncias. Podemos até chegar a Marte por intermédio de alguma tecnologia um dia, mas jamais viajaremos com o corpo físico em distâncias estrelares, porque somos mortais com um prazo de existência muito curto num corpo físico.

Quando um ser iluminado deseja aparecer em outro lugar por intermédio do poder da mente, o que é transportado é o corpo psíquico e astral e não o físico; o receptor tem a percepção do corpo físico da pessoa transportada naquele lugar. Quando as literaturas mencionam que o mestre foi visto em dois lugares ao mesmo tempo, foi desta maneira que aconteceu. Suponhamos então que o corpo físico dos seres humanos tenha vindo de outro planeta do Universo, transportado por uma nave de uma civilização avançada; a estrutura para gerar um corpo físico lá é a mesma que se dá na Terra, o processo é igual em qualquer planeta do Universo, porque as leis são as mesmas em qualquer lugar, a evolução das mentes com corpo matéria sempre tem que iniciar por intermédio de micro-organismos. Se a raça humana tivesse vindo de outro planeta, certamente teria passado pelo mesmo processo da lei da evolução, o Universo é um só. Mesmo sendo a inteligência de Deus em ação, ela sempre obedece às Suas leis, e jamais produziria um ser igual ao nosso, de carne e osso, que não fosse constituído da maneira como o conhecemos. O que pode mudar em parte é sua imagem e seus hábitos, mas ele sempre terá a formação trina e uma natureza dual e dependente das produções da matéria para se sustentar, caso contrário não seria humano. Pelo processo de geração de vida no nosso planeta, a partir dos micro-organismos, não há razão para a vida da humanidade não ter começado aqui mesmo. A lei vida e as demais leis realizam seu trabalho em qualquer parte do Universo da mesma forma, o processo de evolução sempre obedece às leis básicas de Deus, e esse começo de evolução passa primeiro pela preparação do próprio planeta e depois, quando ele estiver pronto, a vida começa a existir ali, sempre começando pelos micro-organismos celulares, quando a vida exerce seu início para passar pelo processo de evolução.

Muitos outros planetas no Universo foram preparados para gerar a vida e acolher seres espirituais iguais aos que vivem em nosso planeta pelo menos em sua estrutura, ou seja, eles usam os mesmos procedimentos da base e dos sentidos do corpo físico. Quanto ao corpo psíquico, este, sim, pode se deslocar no espaço sem interferência de algo criado pela natureza material ou pelo homem, mesmo porque o corpo psíquico foi gerado no mundo superior sem matéria densa. A personalidade do corpo astral do ser humano se uniu ao corpo psíquico na primeira reencarnação, quando houve a criação de sua personalidade astral. No entanto cada mente mantém sua identidade e ao mesmo tempo elas permanecem juntas e ambas fazem o mesmo percurso na caminhada da vida, mas só unirão suas identidades e se fundirão plenamente em uma só mente quando tudo retornar ao seu estado de origem, e neste momento o homem passará a ter uma única mente, deixando de ter uma natureza dual e humana; isso só acontecerá no dia do juízo final. Quando a Bíblia fala que o homem após a morte viverá no seio de Deus, na realidade foi por causa da vinda do ser espiritual com um corpo psíquico para habitar na Terra, porque nosso corpo material gerado na matéria volta a ser pó, esta mente se desintegra na morte do corpo físico, ficando vivo o corpo da mente astral e psíquica e sua personalidade-alma. Portanto, o que retornará, como colocado por Jesus, é o conjunto que formou seu corpo psíquico e mais a memória de sua jornada na matéria.

É importante lembrar que a criação da matéria se deu em razão do fruto que se destacou da árvore e adquiriu a sua própria mente consciente com poderes de criar e gerar seu mundo temporariamente, e as suas mentes que geraram as criaturas aqui na Terra obedecem às leis do Universo físico, aqui elas foram criadas e aqui elas serão desintegradas e deixarão de existir.

A partir da vinda do ser espiritual para habitar na matéria, o processo de reencarnação se fez necessário; no entanto, a reencarnação não é eterna, ela existirá enquanto houver o aprendizado do homem. O corpo psíquico continuará a habitar a Terra e o mundo intermediário até terminar a regeneração do seu propósito, determinado no momento da sua vinda para a matéria. O corpo físico do homem é o veículo que carrega a mente astral; a mente psíquica e a alma desenvolveram e aprimoraram a estrutura do corpo físico de reencarnação em reencarnação, e esse aprimoramento é ainda muito lento em relação à estadia do corpo humano na Terra, pois falta muito para chegar à perfeição do corpo físico, para que ele use com maestria as faculdades inteligentes que tem, regidas pela mente objetiva, amparadas pela mente subjetiva, para ambas exercerem, pensarem e executarem seus atos com a mesma sabedoria.

O processo de reencarnação tornou-se necessário pelo motivo da entrada do corpo psíquico num corpo animal, como explicado anteriormente, e este processo continua com o nascimento e a morte do corpo físico, sendo a mente consciência psíquica a personalidade astral e a personalidade da alma que estão inseridas no corpo fluídico. Elas entram na primeira inspiração após o nascimento do bebê, ou seja, esse corpo se une à mente do corpo físico na primeira inspiração, no momento do nascimento de um novo ser humano, e sai ou deixa o corpo no último suspiro, conhecido como transição do ser, a morte do corpo físico.

    Esse processo de reencarnação é comandado pelas leis primordiais e pela própria natureza elemental, quando a mente da matéria é formada e passa a existir no momento da fecundação que cria a mente do bebê e deixa de existir no momento da morte do corpo físico. Portanto, é necessário salientar que o corpo astral do ser humano faz parte do astral coletivo do mundo elemental, mas ao mesmo tempo o homem tem um corpo astral individual que é uma subdivisão da mente astral que o acompanha por todas as vidas. Enquanto viver na matéria e no mundo intermediário, essa mente do corpo astral permanece junto, mesmo depois do ser não precisar mais reencarnar, pois ela é a personalidade astral de cada ser humano e é ela que contém a história de vida de cada ser, enquanto ele viver ligado na matéria e não se unir à personalidade-alma.

    O homem tem duas mentes que representam um fragmento, uma subdivisão da alma divina e a outra do astral na sua formação humana, pelo fato de que uma tem sua origem no mundo espiritual e a outra no material, o que não acontece com os animais, pois a mente astral deles é coletiva. A personalidade dos seres inferiores faz parte da mente-mãe da espécie, enquanto a alma divina nos animais só participa na construção da mente--mãe por ser uma das sete leis primordiais, que faz parte na junção das leis na formação da mente da matéria na construção da obra de Deus. Nos animais, a alma divina, que participa na construção da mente individual deles, se dá por intermédio da mente-mãe da espécie, visto que os animais não têm personalidade-alma como os humanos.

Afirmar que o homem tem uma personalidade astral significa dizer que se alimenta diretamente da fonte dessa mente, enquanto nos animais a alimentação da energia astral é fornecida pela mente-mãe da sua espécie, pois estes fazem parte do coletivo dessa mente astral. Vamos imaginar, por exemplo, uma fonte de água que transmite a sabedoria de todo conhecimento da matéria; o homem recebe individualmente a sabedoria diretamente dessa fonte, enquanto nos animais é a mente-mãe que se abastece dessa energia e a fornece aos animais de sua espécie no momento da fecundação das mentes individuais, ou seja, a transmite de de uma forma indireta.

Toda a vida, em cada reencarnação dos seres humanos neste plano, a personalidade-alma e a personalidade da mente astral se desenvolvem, assimilam e armazenam em suas mentes todo o aprendizado das reencarnações, que fica gravado na memória da mente astral e da mente psíquica, tendo cada reencarnação um compartimento próprio de cada uma das vidas vividas em um corpo físico ou mesmo sem ele, até completar o ciclo de cento e quarenta e quatro anos. Este armazenamento consciente é independente, ou seja, cada vida representa o ciclo entre um nascimento e outro, e a soma de todas as reencarnações se traduz como a história individual do homem até acabar a necessidade de reencarnar, e depois continuam juntas, mas independentes até o dia do juízo final. A partir de então as duas mentes passam a pensar em uníssono, em compressão, e a habitar no Paraíso, aguardando a regeneração das demais almas e da própria mente do fruto. E quando este dia chegar representado pelo dia do juízo final, as duas mentes se unem definitivamente. O ser deixa de ter uma natureza dual e a mente astral se une à mente espiritual, e passam a habitar o mundo superior espiritual com a mesma compreensão de quando a mente espiritual saiu para habitar na matéria densa, ou seja, no nível de consciência angélica no mundo espiritual.

Em contrapartida, aquelas personalidades – alma e astral – que não se regeneraram serão desintegradas. Elas verão o seu fim e será a verdadeira morte de ambas as mentes. Nesse momento serão extintas pelo processo inverso da sua formação, quando entra em ação a desintegração de suas mentes. Ou seja, as leis se separam dessa mente-consciência e ela deixa de existir apagando toda a memória da sua existência, uma vez que essas personalidades ignoraram a aliança firmada pela coletividade ao virem habitar o mundo elemental, e optaram por fazer o mal e servir e obedecer apenas às leis da matéria, ignorando que tinham uma mente espiritual do mundo superior. São os anjos caídos, expressão usada por muitos e que os define.

A humanidade evolui, de ciclo em ciclo, por intermédio da existência na forma familiar e social, e ao longo do tempo se desenvolveram os sistemas governamentais, pois está no interior do homem a necessidade de viver em grupo. Assim surgiram impérios e países que por séculos dominaram, e ainda dominam, determinados povos e lugares de certa forma organizados no planeta.

A força da natureza atua equilibrando esses governos para que haja determinado bem-estar entre os povos, mas quando a maioria dos seus habitantes distorce as regras das leis naturais, e a situação foge do controle, surge o caos na sociedade. E isso pode ocorrer em determinado lugar ou no planeta todo.

Presenciamos ao longo da história que o despertar e a evolução tecnológica, política, religiosa e social das nações até hoje sempre foram voltados no sentido da evolução intelectual, priorizando o desenvolvimento material para o bem-estar do corpo físico, e conduzindo a sociedade a um extremo em que a vaidade e a ganância fazem o homem querer mudar o comportamento da própria natureza, e inverter os costumes naturais do bom senso, esquecendo da ética, da moral e de que ele tem uma natureza dual. Quando esse ciclo atinge tal estágio, ocorre o desequilíbrio e a humanidade perde o seu rumo. É nesse momento que o modelo social começa a ruir, e todos passam a sofrer as consequências. O desequilíbrio provoca turbulências sociais, políticas, religiosas e até mesmo catástrofes naturais. Pois, quando a vibração da maioria dos habitantes alcança um nível extremo de corrupção e negativismo mental, a própria natureza reage. Ela não julga a humanidade, mas reage perante os desmandos e o descumprimento mínimo das leis naturais. O caos então se faz presente e, por consequência, há a eliminação quase total da humanidade, incluindo suas descobertas científicas, religiosas e sociais, conquistadas durante séculos. As poucas pessoas que sobrevivem a esse caos ficam sem estrutura e passam a se preocupar apenas com a sobrevivência, o conhecimento e as conquistas. Aos poucos vão se perdendo por não terem condições nem ferramentas necessárias para se manter, e com a renovação da população, as pessoas que surgem não recebem instruções suficientes para manter vivo o conhecimento que já existia. Temos como exemplo disso os índios brasileiros e os remanescentes dos povos atlantes, que tinham um grande conhecimento social, político, religioso e científico. Foi perdida, ao longo do tempo, toda tecnologia descoberta por eles, e por falta de instrumentos e fonte de energia até para as condições básicas, passaram a viver apenas da caça e pesca.

Esse processo acontece há milhares de anos, desde que o homem habita este planeta. Muitas outras civilizações antes dos atlantes chegaram a uma grande evolução no sentido de manipular as leis da matéria, alcançando o ápice desse conhecimento. Mas sempre ao chegar a esse estágio, sem um equilíbrio com o conhecimento espiritual, a humanidade passa por um processo de renovação começando do zero em relação ao conhecimento social, cultural, religioso e político adquirido. No entanto, muitas civilizações que habitaram a Terra já passaram por essas provas e pouco se fez para o conhecimento e a compreensão do mundo espiritual. Só quando a civilização chegar a um equilíbrio, priorizando o seu eu interior para despertar a consciência espiritual plena é que haverá uma sociedade próxima da perfeição, com equilíbrio entre a evolução material e espiritual, passando a ter conforto, paz e bem-estar.

Portanto, a mente do corpo físico dos seres humanos, que é regida pelos sentidos, é oriunda do ser animal, por um processo que é chamado de "queda" dos seres, visto que na entrada da mente de um ser espiritual com um corpo psíquico em um ser animal sucedeu-se a formação da primeira personalidade-alma e astral vivendo em um corpo material.

Assim o corpo psíquico e a personalidade-alma se tornaram prisioneiros deste plano, e tal fato foi chamado nos livros sagrados de "queda de Adão". Este ser animal, ao receber uma nova consciência de origem externa pelo influxo em suas narinas, vinda de uma mente de origem espiritual, teve uma grande mudança em seu DNA, em sua estrutura física e na composição das células de seu corpo físico, bem como na sua estrutura mental ao longo do tempo, passando a ter consciência de si e se perceber de uma forma totalmente diferente de quando vivia no estado anterior, em um corpo animal. Nesse novo patamar esse ser passa também a ter a inteligência superior de um ser espiritual, com a mente desperta, a visão e o controle da força do destino, sabendo que pode também traçar seu caminho, vislumbrando em seus pensamentos um mundo de sonhos e tendo o Universo a sua frente para descobrir e comandar por intermédio de seu livre-arbítrio, imaginando e direcionando seu horizonte pelo processo produzido pela via das reencarnações em que cada vida preconiza o despertar interior.

Apesar da grande mudança que ele adquiriu com a dupla natureza pela entrada no seu corpo de uma nova mente, a transformação do corpo físico e de sua mente objetiva foi aparentemente lenta, visto que a estrutura cerebral do seu corpo físico teve que acompanhar e sincronizar o desenvolvimento mental para que a inteligência do ser psíquico pudesse se expressar com clareza nesse indivíduo.

Esse ser "espiritual", ao chegar na sua nova morada, num corpo carnal, teve que moldar por completo sua maneira de viver, pois seu comportamento foi alterado de uma forma que sua vida se tornou complexa em relação ao seu estado de vida anterior. A visão e a maneira de pensar, as atitudes e a percepção de si próprio se tornaram totalmente diferentes por ter agora outra mente pensante vivendo no mundo composto pelo campo vibratório na existência do tempo e espaço. Nesta unidade, isso é representado pelo corpo do homem, as duas mentes passam, em parte, a pensar juntas uma vez que cada uma mantém a inteligência de sua origem. Esta união formou a inteligência do ser humano para desenvolver a maneira de ambas agirem juntas, para pensar em como elas poderiam desenvolver este novo ser a trilhar seu caminho. Com esta união inteligente das duas mentes, o homem desenvolveu a fala; a palavra é única e oriunda da linguagem angelical que acompanhou o corpo psíquico, no entanto, a humanidade a desenvolveu com várias subdivisões, como fez com as religiões, que também se subdividiram em muitas, mas a procedência, a fonte, ela é única, pois faz parte da inteligência do ser psíquico. Essa é a razão pela qual os animais não conseguem desenvolver a fala, por não terem a mente do mundo superior. Esse ser, a partir do advento de sua mudança, desenvolveu a percepção do raciocínio, a razão e o questionamento e toda a perspicácia do homem. Com sua dupla natureza, ele começou a se admirar e se conhecer quando viu seu reflexo em uma fonte de água limpa; a sabedoria começou a fluir em seus pensamentos e ele passou a desenvolver um senso moral, de ética e de organização social e familiar.

    Os seres inferiores também tem uma organização social, mas esta é limitada, pois sua inteligência é fornecida pela consciência astral apenas, enquanto o homem, além de ter a consciência da inteligência astral, tem também a consciência superior que lhe fornece uma inteligência muito mais elevada e infinita. Na realidade ela é perfeita em sua essência, mas a execução do ato pode ser falha em função da mente objetiva não permitir, por não saber compreendê-la.

    O homem com mente material tem dificuldade de interpretar a informação vinda da mente interior e comete muitos enganos, pratica atos contra as leis naturais quando não as compreende e passa a agir somente com a razão da mente objetiva, dando um sentido distorcido à informação vinda da origem. Acontece também com nossos sonhos de origem psíquica, despertados pela mente interior, interpretados por nossa mente objetiva normalmente com falhas por ela não conhecer a sua origem e não ter uma afinidade, pelo fato de que a procedência não é a mesma. Isso acontece quando temos sonhos de origem puramente da mente interior, que trazem informações puras e de grande importância para o indivíduo. Quando os sonhos têm origem na mente objetiva, eles lembram fatos do nosso cotidiano, enquanto os sonhos que envolvem as duas mentes trazem lembranças do passado, do presente e do futuro, que fornecem informações de alerta despertadas pelo conjunto das mentes do nosso ser, ou seja, quando as mentes pensam em conjunto de uma forma harmônica durante o sonho.

Certamente, nas primeiras reencarnações, os seres não compreenderam com clareza as mudanças em sua mente objetiva – e ainda hoje a maioria não compreende – mas já sentiam que eram diferenciados em relação à vida que tinham antes da entrada da mente superior. Esta adaptação das duas consciências em um único corpo demorou muitas reencarnações; somente ao longo do tempo pôde haver uma percepção do grande acontecimento e das mudanças que foram se desenvolvendo e aperfeiçoando seu comportamento e a altivez de sua vida. Por intermédio das reencarnações eles foram tomando consciência de que havia um distanciamento em inteligência com as outras espécies.

O aperfeiçoamento ainda continua, a humanidade vive esse processo de evolução e a maioria ainda se encontra num estado intermediário em relação ao grande despertar de consciência espiritual, moral, ética e cooperação comportamental, uma conduta perfeita para viver em um mundo sem tantas diferenças e com uma humanidade em equilíbrio, cuja mente é voltada para a paz, a cooperação e a compreensão, tanto espiritual como de sua própria natureza.

A busca da humanidade pelo aprendizado de conhecer-se a si mesma, que se define pela compreensão da sua formação e de tudo que a envolve, como também a própria criação, se encontra dentro de três grandes divisões. O ser espiritual, ao habitar o plano material e receber um corpo carnal, foi tolhido de todo conhecimento que tinha até então, apesar de esse conhecimento se encontrar latente no seu âmago. Ao mesmo tempo, ele não consegue se expressar com desenvoltura, nem se lembrar, pois esse conhecimento foi obscurecido e pressionado pela mente-mãe material, no entanto, ele luta para sair da dormência e resgatar a sabedoria interior das amarras da mente-mãe material. Ao longo do tempo, alguns conseguiram despertar mais que outros, então, a humanidade se encontra numa divisão referente a este conhecimento em três classes em compreensão de si e do todo, como segue.

A PRIMEIRA CLASSE DE SERES EM RELAÇÃO À PERCEPÇÃO DE SI

Esses seres que se encontram ainda na primeira classe podem ser classificados como inconscientes e cegos de si. Isso se dá pelo fato de que quando aconteceu do ser espiritual reencarnar pela primeira vez num corpo físico, a mente-matéria teve domínio total sobre a mente espiritual. Eles ainda se encontram sobre esse cerceamento, portanto, estão no primeiro estágio em se tratando de evolução espiritual, cegos de sua natureza humana, ou seja, não têm percepção clara de sua existência humana e menos ainda da sua natureza de consciência dual; consequentemente, são pessoas céticas quanto ao mundo superior espiritual. Enxergam o mundo somente com os olhos da matéria e agem normalmente pela dominação do instinto e têm uma visão voltada apenas à mente-matéria que nele predomina, representada pela mente objetiva animal. Normalmente seu comportamento e suas atitudes prevalecem na forma rude, egoísta, cuja maldade comanda suas ações. Neles ainda predomina a mente objetiva, e muitos podem até ser bem-sucedidos em suas profissões por só enxergarem o mundo da ganância, enquanto outros ficam acomodados e buscam apenas o sustento do dia a dia, pelo fato de ainda não terem despertado o comportamento do bom senso e da realidade da vida sequer para obter conforto em sua existência. Mas mesmo aqueles que conseguem juntar capital e fortuna, são desprovidos de um sentimento social justo e organizado, pois sua mente não consegue vislumbrar algo no sentido de um ser pensante desperto em todos os sentidos. Normalmente dão prioridade às faculdades rasteiras da vida, sem piedade com o próximo, e se preocupam apenas em adquirir algo de imediato para viver na inércia, sem higiene e propensos aos vícios, e outros com essa mente primitiva têm sua preocupação despertada para a aquisição de dinheiro e poder sem pudor, e têm prazer em fazer tudo de forma ilícita sem se preocupar com o bem-estar da sociedade em geral.

Apesar de a nossa sociedade evoluir na forma cíclica, o mal, de certa maneira, tem prevalecido em seu meio desde que o homem habita este planeta. O fato destes seres alternarem o poder ou a fortuna ou a miséria faz parte do ciclo de evolução regido pelas reencarnações; é a fórmula que a natureza impõe para eles adquirirem novas experiências e aprendizado.

Nas primeiras reencarnações, os homens eram mais puros em pensamentos por não terem sua mente objetiva ainda viciada como foi ficando ao longo do tempo, pois foram adquirindo péssimos hábitos e desenvolvendo artifícios para destruir o próximo e a si mesmo de certa forma; isso tudo foi em função desta mente imperfeita que construiu a mente objetiva do homem no princípio e por ela desejar tudo para si.

Nesta primeira classe ainda se encontram os seres que adquiriram por completo a obediência à mente-matéria desde o princípio na primeira reencarnação, sendo eles os homens da pior espécie, sem a faculdade do amor presente neles, pois são pessoas avarentas, iracundas e soberbas, praticantes dos mais diversos atos para inseminar a energia destrutiva no meio em que vivem, defensores dos rituais satânicos, sacrificando seres vivos ao longo do tempo para satisfazer seu ego perverso que os torna seres de índole malévola, voltados para a destruição da obra de Deus.

Esses são os denominados anjos caídos, pessoas que não desenvolveram a faculdade da piedade e do amor, que procuram estar infiltradas onde possam liderar outras pessoas, que apesar de serem minoria, vivem normalmente entre os homens de bem e procuram não demonstrar sua maldade e quando descobertos ao praticarem algo com tanta maldade incompreensível pelos homens de bem, atribuem o erro a terceiros, demostrando piedade pelo ocorrido, mas é pura falsidade. Infelizmente a humanidade tem que conviver com esse tipo de pessoas enquanto encarnadas.

SEGUNDA CLASSE DE SERES EM RELAÇÃO A PERCEPÇÃO DE SI

Esta segunda classe se situa um pouco acima da primeira em sentimento e compreensão em relação ao despertar interior, e é considerada menos cega que a primeira classe quanto à percepção do plano material, espiritual e sua natureza dual. Esse avanço se deu pelo próprio esforço durante as suas reencarnações no mundo físico, que os levou a um despertar do mundo espiritual, religioso, social e de uma forma geral em ver o todo. Normalmente são pessoas que começam a ter uma visão de algo além do que os olhos da matéria veem e estão sempre em busca de uma resposta do mundo desconhecido e dos fenômenos naturais, mas que normalmente são chamados de sobrenatural. Esta classe, na ânsia de satisfazer sua vontade, acaba se associando a várias instituições em busca de saciar sua sede ou de explicações sobre suas dúvidas dos assuntos ocultos, visto que acontece coisa no seu meio que o homem não sabe explicar; por outro lado, por falta de uma explicação lógica, eles atribuem forças aos amuletos e a entidades superiores ou espirituais, apegando-se e acreditando em gurus e em vários deuses profanos. Apesar de ser uma maneira incorreta de ver a vida perante as leis naturais, é um sinal de que eles começaram um despertar de consciência de sua dupla natureza. Estes homens e mulheres já percebem e sentem que existe algo maior dentro deles e que alguma força interior pode ajudá-los, pois passam a acreditar que há um comando no seu interior além da visão física. Esse despertar os leva a começar a dar atenção a sua intuição que por vezes participa em suas decisões tomadas no dia a dia; portanto, eles passam a ter uma consciência mais clara e percebem que existe uma força superior em seu âmago, e que tem um lapso de memória que os faz perceber que não estão sozinhos e que podem comandar sua vida com a ajuda da sua intuição.

Percebem em sua mente momentos conscientes de que eles podem se libertar dos dogmas, amuletos e crenças supersticiosas, mas mesmo tendo essa percepção que os impulsiona nessa busca, encontram uma dificuldade enorme para se libertarem dessas superstições, pois a incerteza ainda os acompanha e por vezes eles se deixam manipular por outros humanos com esperteza malévola e são enganados.

Eles ainda estão sob o domínio externo da força da natureza elemental, e por ela prender tudo em si, acabam sendo presas fáceis, e normalmente são manipulados e enganados por outras pessoas que usam indiretamente essa energia, envenenando sua mente. Neste estágio de compreensão normalmente são acometidos por doenças criadas por sua própria insegurança e por informações errôneas transmitidas por outras pessoas, que só pensam no mal e transmitem energia negativa, influenciando as mentes inseguras por elas ainda acreditarem em informações e poderes sobrenaturais, e não perceberem com clareza que a força está dentro deles, e que a sua mente pode transmutar e realizar a transformação que desejam em sua vida e terem uma existência sem tantos traumas e com total confiança.

São os buscadores sem rumo que vão se afiliando a todas as instituições religiosas iniciáticas que aparecem na sua vida, pois são acompanhados ainda pela insegurança e pela pressa para encontrar um porto seguro, isso normalmente os leva ao fracasso momentâneo, pois esse despertar é muito lento e depende principalmente de sua regeneração, o que requer mudanças de comportamento em todas as principais áreas de sua vida – familiar, física, profissional, financeira, social, psíquica e mental. Essas mudanças requerem vigilância constante e um correto comportamento para obter certo equilíbrio e bem-estar; no entanto, por estarem ainda num despertar intermediário, acabam encontrando dificuldades e não conseguem manter um equilíbrio em todas essas áreas, pois ainda são falhos em desenvolvimento mental e psíquico. É o preço da regeneração e infelizmente este desequilíbrio traz ainda muito sofrimento, mas eles persistem na luta para saírem desse suplício para que um dia possam obter uma vida muito mais ponderada e feliz. Certamente chegará a hora em que vão despertar para a compreensão e a felicidade os acompanhará com mais frequência em sua senda rumo à perfeição e passarão a ver o mundo conforme determinam as leis de Deus.

A TERCEIRA CLASSE DE SERES EM RELAÇÃO A PERCEPÇÃO DE SI

Essa classe representa os seres conscientes de si com a consciência despertada num todo, são os habitantes no planeta que podem ser chamados de pessoas evoluídas espiritualmente, cujo o despertar as leva a compreender sua existência e a do próprio Universo, são aquelas pessoas preparadas que se tornaram agentes da divindade, artesãos da construção da obra de Deus na Terra, pois passaram pelos dois estágios anteriores e superaram todos os obstáculos.

Agora eles vivem inflados pela consciência divina plena, participam dos atos que envolvem a humanidade como um todo e o próprio Universo. Seus pensamentos, sempre radiantes, vibram construindo a harmonia, alinhados com as leis de Deus, transmitem paz e alegria, contagiando quase todas as pessoas que se aproximam deles e até os seres inferiores. Eles têm o equilíbrio pleno em todas as áreas de sua vida e estão sempre prontos a servir, não medem esforços para ajudar o próximo e realizam sempre o bem em prol de outrem, compreendem as leis de Deus e as comandam para seu bem e para ajudar a compreensão espiritual da humanidade, usando com maestria a inteligência outorgada a eles por intermédio do poder da vontade. Eles não julgam, compreendem as falhas dos outros e os orientam baseados nas leis da natureza, pois sabem que tudo neste plano é um estado de consciência em evolução e que cada um se encontra num estágio na caminhada da vida rumo ao plano superior. Eles são agentes do bem que vivem numa sociedade injusta, sendo muitas vezes perseguidos pela sabedoria bem acima e diferenciada da maioria das pessoas encarnadas. Foi determinada para eles uma missão muito acima da média, por suportarem e executarem com maestria o que lhes é determinado. Sua visão tem a clareza da verdade e a força com que eles determinam um horizonte consciente da sua própria vida, seu trabalho normalmente é discreto, e não despertam atenção em relação à obra que realizam; são pessoas que têm a força e comandam a natureza e não são levadas pela força cega do destino, mas usam o livre-arbítrio para realizar o progresso que desejam. O seu norte é levar ao alto a espiritualidade das pessoas e prepará-las para o despertar de consciência de que a vida deve seguir no caminho correto e cumprir a missão no resgate final da consciência material. Eles compreendem que todo labutar realizado pelo esforço físico é um meio que constrói as lembranças que levarão para a eternidade o aprendizado das vidas vividas no inferno e no purgatório pelo esforço pessoal, e por esse esforço transformam ao longo do tempo a vibração da mente-mãe da matéria e a dos próprios reinos, e essa vibração do esforço e do labutar será descartada no fim da vida junto com o corpo carnal, ficando apenas em si o resgate da compreensão das leis de Deus em memória gravada no Universo que levará o homem à maestria sublime. Portanto, esse dia, para essas pessoas purificadas, certamente está prestes a acontecer. Elas sabem que o significado da compreensão não é aceitar as coisas erradas praticadas pelas pessoas, mas sim compreender o porquê muitos cometem esses erros; procuram sempre a orientação e ensinar o caminho da verdade dentro do propósito das leis de Deus.

    Toda manifestação obedece à lei do triângulo, e no comportamento da humanidade não poderia ser diferente. Mesmo assim, como vimos, existem estas três classes, as subdivisões em relação ao conhecimento e ao desenvolvimento espiritual entre as pessoas, e todos têm a oportunidade de reencarnar. Mas existem épocas em que vivem mais pessoas com determinado conhecimento do que em outros períodos, o que define o comportamento de uma sociedade com moral e ética elevadas ou os ciclos de comportamentos e a visão de uma sociedade.

Desde que passou a existir no mundo elemental, a humanidade vive um dilema, por não entender os fatos da ação que causa a transformação da natureza em geral, como a corrosão de materiais e o próprio envelhecimento e a destruição do corpo das pessoas, levando à morte física e ocasionando sofrimento em todas as espécies vivas. No entanto, essa transformação é necessária, pois neste mundo tudo que existe é finito, e a renovação normalmente não é compreendida pelo homem, pois a mudança representa a perda da forma atual, que é encarada como algo negativo ou um mal pelos seres vivos, por terem consciência do seu corpo. Devido ao discernimento de si, os seres humanos são conscientes da causa da dor e da perda de algo; no entanto, na maioria falta o despertar para compreender esse processo de perda. O homem fica com medo e isso o leva ao desconforto, trazendo pavor e dor à carne e à mente, pois ele não tem controle sobre essa transformação da natureza e de si.

Mas quando o homem entender que este fato está inserido a partir da manifestação do mundo elemental e que estes acontecimentos fazem parte do contesto para a existência das próprias mentes dos seres vivos e da natureza, isso certamente aliviará o seu sofrimento e o tornará mais seguro e livre deste pesadelo.

Na criação da matéria os opostos se tornaram extremos e este fato elevou a importância da terceira ponta do triângulo pela necessidade do poder da energia do equilíbrio para interligar ambos e ocasionar a estabilidade na manifestação material. A disputa dos opostos desencadeou as leis similares desenvolvendo a fórmula da construção e destruição dando assim a sustentação da mente-mãe da matéria, pelo fato dela subsistir por conta própria e desenvolver suas produções com inteligência, e dar continuidade ao retorno desta obra criada e determinada pelo resíduo da efervescência no princípio da manifestação de Deus.

A mente-mãe da matéria adquiriu então poderes de criar suas produções de mentes individuais por intermédio de um corpo físico complexo e com sentimentos para eles experimentarem alegria, tristeza, felicidade, enfim, sentimentos que fazem parte da sua constituição como seres humanos ou não, porque todos os seres, mesmos os inferiores, têm sentimentos que desenvolvem mecanismos motivacionais para vencer com persistência as adversidades que a vida impõe no dia a dia.

É importante insistir para que o leitor compreenda este acontecimento. Como já mencionado, no lançamento da ideia de Deus, representada por uma energia contínua, ela sofre uma grande alteração por intermédio da efervescência, ocasionando o Big Bang, que foi a explosão de Si próprio, ou seja, da própria ideia lançada; parte dela criou um resíduo na forma de energia em partícula surgindo daí a matéria densa. Com o surgimento desta energia em partícula, veio a contraparte da energia contínua representada por essa energia vibratória na forma de partícula, surgindo então a segunda força no processo da manifestação, quando houve a estabilidade da velocidade da vibração da ideia lançada por Deus. Assim, quando a ideia lançada adquiriu a forma do seu estado, a sua vibração entrou em equilíbrio e estabilizou a inteligência da ideia. A partir daí as leis começaram a desenvolver o propósito da ideia, criando a fórmula do mundo espiritual, enquanto o mundo material, de uma maneira muito lenta e gradual, também entrou num processo de equilíbrio aparente, e a partir de então a força da Providência começou a disciplinar sua existência por intermédio da inteligência do propósito e da força das leis exercidas sobre a matéria.

Quando o plano material adquiriu estabilidade, entrou em ação a inteligência deste mundo outorgado a ele no princípio e a consciência matéria começou a desenvolver além da mente-mãe material as mentes de suas criações na forma viva, usando o princípio da forma de mentes que desenvolve o corpo com vida. Portanto, a existência da matéria densa foi uma necessidade extrema para dar consistência e equilíbrio à ideia lançada na criação do mundo espiritual e consequentemente a própria matéria em si, então ambas ajustam sua existência como os pratos de uma balança, equilibrando seus mundos e mantendo cada uma sua essência e qualidade dentro do propósito determinado pelo desejo, e com mentes distintas, vibrações e propósitos diferentes. Essa contraparte que deu origem à vibração material desenvolveu regras próprias, sua realidade acabou ficando dependente e regida pelas leis de Deus apenas, e toda existência neste plano e as ações permaneceram controladas e determinadas pela inteligência das leis, visto que este mundo material é algo existente fora da realidade do pensamento e do desejo inicial, pois a matéria densa não estava inserida e não foi pensada na ideia e no desejo inicial da criação de Deus, caso contrário seria um mundo perfeito, sem a necessidade de regeneração para o retorno à casa do Pai.

Deus é a inteligência perfeita, e mesmo este grande acontecimento que foi a criação da matéria, um sistema imperfeito que ocasionou uma ruptura no sistema da criação, foi acolhido e está ainda sendo reparado pela Providência. Deus acionou a força das suas leis para coordenar a formação do mundo elemental, esse é o motivo pelo qual a existência da mente-mãe material e suas produções são protegidas e coordenadas pelas leis primordiais.

Para compreender que são as leis de Deus que exercem diretamente a interferência e a execução de tudo que acontece na matéria, e não Deus diretamente de sua unidade, basta fazermos uma analogia com o pensamento do homem, que é a extensão pensante da inteligência divina. O homem é formado por intermédio de suas hierarquias de eus, que o transformaram em um ser inteligente pensante em uma unidade corpo, ou seja, uma síntese das energias universais. O pensamento então faz parte do íntimo do homem e surge nele uma ideia, mas quem executa a obra desta ideia pensada é o seu corpo físico, que dá movimento à ação que realiza a obra. Vemos então que não é a ideia pensada por Ele que executa a ação; são as leis de Deus que executam toda a ação e não Deus que gerou o mundo pensado na forma de mentes com consciência de seu propósito, mais sim executado pela inteligência das leis. As leis representam o corpo de Deus em movimento, que por intermédio de suas ações construiu o Universo invisível e visível.

REFLEXÃO

Quando a energia da matéria se fundir com o mundo espiritual e ela deixar de existir na forma de partícula no fim dos tempos, o mundo espiritual perderá a sua estabilidade? Pois no princípio não foi a criação da energia da matéria em partícula que desacelerou a energia da ideia e estabilizou o mundo espiritual e por consequência houve o equilíbrio de ambos? Certamente o mundo espiritual continuará como sempre esteve em sua base, ou seja, em harmonia desde o princípio; a vibração ao sair de si ou do corpo espiritual por causa da efervescência transformou-se na forma de partícula e não desestabilizou a essência da origem do mundo espiritual, pois no mundo espiritual não há hiato na sua formação vibratória, ele não contém vibração em partícula, pertence ao mundo material o fruto produzido pelo resíduo provocado pela efervescência. O mundo espiritual faz parte da árvore da criação e não do fruto desta árvore, e esse ato serviu apenas para definir a árvore espiritual na fórmula que Deus idealizou visto que no mundo espiritual não existe reprodução de si, pelo fato de que representa apenas uma extensão da origem, ou seja, da ideia de Deus que brotou da unidade. O que se fundirá ao mundo espiritual no dia do juízo final são as memórias do aprendizado de tudo o que aconteceu e que acontecerá durante a existência desta eternidade visível, que existe na forma do mundo em partículas e este estado vibratório de partícula desaparece no dia de sua extinção, quando apenas a essência do espírito e a memória se fundirão ao mundo superior. Tanto a essência como a memória pertencem ao sistema de energia sem partículas, então, o que se unirá será a energia na forma contínua, a mesma que já existe no mundo superior sem a força do tempo, o espaço e a fórmula da matéria densa.

A criação da matéria serviu como um freio estabilizando a ideia lançada da criação no momento da efervescência, que no princípio tomou uma velocidade extrema ocasionando também um calor imensurável, que ocasionou a explosão da ideia lançada que promoveu a separação dos mundos.

A partir da divisão, a matéria passou a depender do tempo e espaço, sendo o tempo a medida de um período de consciência e o espaço a percepção desta medida, percebida pela mente objetiva dos seres criados na matéria. A matéria adquiriu também um equilíbrio aparente, por intermédio do magnetismo, força nuclear e gravitacional que representa a fórmula do espírito; em outras palavras, significa a essência dos elementos, e esta força age sempre no sentido de aglomerar suas energias e seu potencial que representa a força em si, sem comparar a devida proporção, os astros existentes no sistema sideral atraem os objetos pela força do seu magnetismo, pois ela está na essência dos elementos.

A formação do homem composto pela sua hierarquia de eus ou de mentes tem um ser passageiro na matéria e um ser eterno, devido à dupla formação que o caracteriza como um ser dual em natureza, um ser divino e eterno que habita no seu interior representado pela mente psíquica subjetiva, cuja missão é mudar a própria vibração da matéria por intermédio do pensamento de sua mente, pois esse pensamento interior é em sua essência sempre construtivo e em harmonia com as leis. Por ser divino, cada pensamento emitido cria a vibração que transforma o todo, por mais insignificante que este fato seja. O pensamento originário da mente objetiva pode ser positivo ou negativo, dependendo de vários fatores, entre eles o estado de evolução em que a pessoa se encontra e o propósito do desejo pensado que se transforma em ação e realiza algo na vibração do mundo físico na forma finita. Quando ambas as mentes emitem o pensamento em conjunto para a realização de algo construtivo e que atinge a frequência das duas mentes na forma positiva, cria-se então uma poderosa energia que realiza os milagres ou fatos que fogem da compreensão da maioria dos homens.

    O pensamento na forma construtiva tem o poder de elevar a vibração do todo cada vez mais próximo à vibração superior, conforme o aprimoramento e o aprendizado da mente do homem, e quando esse atingir o estado vibratório sublime, suas ações elevarão as vibrações do mundo elemental a tal ponto que elas serão mais eficazes, pois o poder no homem é infinito, é uma extensão do poder que Deus emitiu para gerar a mente que criou o mundo invisível e visível.

    Deus acionou o poder de suas leis e do nada tudo surgiu, por intermédio do desejo do seu pensamento, desencadeando a vibração em movimento, e o mesmo acontece com o poder pensante do homem, quando ele aciona a energia das leis no sentido da elevação do todo para o retorno da vibração da matéria. O pensamento emitido cria do nada e dá forma à energia que eleva a vibração do mundo material.

    O homem não tem o poder de Deus, mas o poder individual, juntando-se ao pensamento da coletividade, desencadeia e cria uma energia vibratória poderosa que quando direcionada para a energia dissonante, eleva esta vibração que aos poucos se aproxima da vibração superior, até que um dia tudo chegará ao objetivo que foi firmado na aliança pensada e firmada no início que ocasionou a vinda do ser espiritual para o plano material.

A essência do poder não é vista nem é sentida objetivamente, e tudo que o homem não vê e não sente não significa nada, mas ao mesmo tempo esse nada é o todo que criou e cria as condições de restaurar o mundo material. Foi outorgado esse poder a todas as mentes vivas da matéria, mas é a mente interior do homem que tem a função de direcionar esse poder conjuntamente com a mente objetiva, e desencadear uma poderosa egrégora pela dupla natureza de mentes dos dois mundos – físico e espiritual – existentes no homem. Portanto o poder de todas as mentes existentes no planeta provoca a elevação de todas as mentes da natureza elemental, tantos as mentes animadas como as inanimadas. É um processo aparentemente lento para a observação do homem, porque vai levar uma eternidade para que haja a regeneração do todo. Este foi o motivo da vinda dos seres espirituais para habitar na matéria porque antes deste acontecimento já existia vida inferior no mundo elemental, no entanto, estava sem a mente que dava direção à energia do amor universal, as trevas profundas prevaleciam na forma da angústia trevosa.

Quando o homem compreender esse processo da criação dos dois mundos verá que a reencarnação não se trata de uma mera crença, mas sim de uma necessidade eminente para que o corpo psíquico cumpra sua missão na reintegração. Para isso é necessário sofrer o processo de regeneração de si como também da própria mente do mundo elemental e das mentes criadas por ela, e quando o ser psíquico do homem terminar sua missão ele se tornará livre das amarras da Terra.

A reencarnação só existe por causa da natureza dual do homem e persiste enquanto houver a necessidade do aprendizado e o resgate do ser que habitou um corpo animal; quando isso se concluir, a reencarnação deixa de existir e o ser espiritual que habitou na matéria densa seguirá sua vida sem a mente da matéria. É com o afluxo de vinda e ida de um estágio de consciência para outro que esta personalidade obtém novos conhecimentos pela abertura e pelo fechamento de portais, tanto no nascimento quanto na transição do corpo. É um ato muito relevante e de grande aprendizado do ser, e ficam arquivados estes períodos de existência nos registros da memória do ser e na memória da mente do Universo, porque toda vez que acontece isso o fiat lux é acionado, as leis são acionadas, e este é um processo que eleva a mente--mãe da matéria. Portanto não se trata de acreditar ou não na reencarnação, é uma questão de entendimento entre os intervalos de vindas para habitar na Terra ou de idas para habitar em um plano intermediário.

REFLEXÃO

Sobre o entendimento de quem acredita ou não na reencarnação, vejamos. Aqueles que não acreditam na reencarnação, religiosos crentes ou não, dizem que viemos de Deus e vivemos na Terra e ao morrermos vamos para o Céu ou inferno, independentemente de ter aprendido algo, ou realizado alguma coisa construtiva ou negativa, ou gerado filhos. Mesmo a pessoa morrendo jovem ou idosa, não faz tanta diferença, portanto vão para o céu ou inferno.

A explicação da lei da reencarnação nos diz que seguimos os ciclos traçados por essa diretriz, viemos do mundo espiritual (Deus) e ao nascermos na primeira vida na Terra adquirimos a personalidade-alma que nos acompanha por todas as vidas em nosso planeta e num mundo intermediário. Significa que vivemos uma vida e, quando o corpo físico morrer ou passar pela transição, nossos corpos astral e psíquico, mais a personalidade-alma, com sua estrutura, passam a habitar num espaço de consciência, num mundo intermediário entre o espiritual e o elemental, aguardando nova reencarnação.

Essas reencarnações serão quantas forem necessárias até que o ser conheça o mistério da vida e do sistema terrestre como supraterrestre, até que ele tenha compreendido todas as lições da purificação, e só então, na última reencarnação, ele irá habitar no Paraíso. Enquanto muitas religiões dizem que ao morrermos vamos para o Paraíso ou o inferno, é uma questão de entendimento, ambos falam a mesma coisa com exceção dos intervalos entre uma vida e outra. No entanto os intervalos são para que haja a redenção e o conhecimento do todo. Só então passaremos a viver num mundo fora da matéria sem a mente do corpo físico para sempre, aí a vida passa a habitar no plano superior espiritual definitivamente e esse lugar podemos chamar de Paraíso para aqueles que se regeneraram. Analisando com discernimento, a grande diferença está apenas nos intervalos; ambos falam que viemos do mundo superior e para lá voltamos, quanto aos nomes e lugares, isso não altera a estrutura dos fatos.

Como já visto, a vida em todos os níveis de existência se subdivide em muitas classes de seres em relação à percepção do todo, e essas divisões são identificadas pela evolução espiritual e pela percepção das leis da criação que cada um apreendeu e adquiriu na Terra durante suas reencarnações, expandindo o desenvolvimento da personalidade individual tanto astral como da alma. É o aprendizado que cada indivíduo adquiriu durante suas reencarnações que o diferencia dos outros.

Por outro lado, todos são iguais quanto à maneira de viver nesse estado e todos comungam da mesma obediência; o aprendizado e a percepção espiritual não têm nada a ver com o aprendizado e a percepção intelectual do homem, esse aprendizado se refere apenas ao mundo da matéria. Para entender a morte do corpo, representada pela mente objetiva, é necessário compreender a formação e o propósito da criação da mente Cósmica e sua consciência, como explicado no início, quando Deus colocou o desejo em ação e determinou as leis primordiais para desenvolver o modelo idealizado para a criação do todo; ele se repete da mesma maneira e deu forma ao restante da criação invisível e visível. No caso da criação da mente objetiva do homem, ela é temporária, e no momento da morte do corpo físico significa o inverso de quando aconteceu o fiat lux que deu origem a algo por intermédio da fecundação, as leis se separam desta mente. Lembramos que para a criação temporária de uma mente é necessário primeiramente que algo já existente acione a energia do desejo, provocando a junção das leis primordiais no momento da fecundação de um novo feto no ventre da mãe, como agiu Deus em sua unidade, colocando o seu desejo em ação.

Portanto, quando o desejo for colocado em ação, as leis atuam na formação deste ser, ou seja, uma mente-matéria que originará um novo corpo físico com mente e consciência material. Este ser então cumpre sua missão na Terra e ao morrer essa mente formada pelas leis que originaram esse corpo físico por força do sistema da natureza é desintegrada.

Então o corpo físico que foi o veículo que acolheu esse ser superior perde a mente formada na fecundação e a vitalidade do corpo se desfaz e o corpo volta a ser pó novamente e as energias e os elementos que formaram tal corpo passam a existir separadamente, voltando à sua origem. Mesmo quando o homem deixa de ter a mente objetiva pela transição do corpo, a sua vida continua, pois o verdadeiro ser não é esse corpo físico de carne e osso, uma maravilha até então. O verdadeiro ser é formado pela mente do corpo astral, a mente do corpo psíquico, que carrega a alma universal, e a personalidade-alma e mais a personalidade astral, que formam o verdadeiro ser consciente pelas hierarquias de eus. Ele continuará vivendo mesmo sem um corpo físico, mas num corpo fluido invisível aos olhos da matéria, num mundo intermediário cumprindo seu ciclo, até voltar um dia a ter um novo corpo de carne e osso. E quando ele voltar a reencarnar novamente, pois essa transição não é a morte em si, mas apenas uma transição passageira, quando voltar à forma de um corpo físico, que dará mobilidade ao verdadeiro ser para ele exercer uma nova missão na Terra, esse processo vai se repetindo quantas vezes for necessário, reencarnando no físico e vivendo no mundo intermediário até chegar sua última vida num corpo físico material. E quando ele tiver aprendido todas as lições necessárias e conquistado a sabedoria plena, passará a comandar suas ações conforme a natureza determina com perfeição e em harmonia. Isso significa que a mente da matéria atingiu seu ápice e passa a pensar e trabalhar em harmonia com a mente interior, mas ainda manterá sua individualidade. Ele então viverá com seu corpo fluido no mundo perfeito entre os mundos material e espiritual, a última morada do ser no plano material chamado de Paraíso, até chegar o dia do juízo final ou o fim da mente material. Nesse dia, a mente-mãe material, as mentes dos três reinos e mais as mentes de suas produções se reintegrarão e se fundirão em memória na mente astral, e esta se unirá à mente do mundo espiritual obedecendo à hierarquia; a matéria e suas produções deixarão de existir na forma mente-matéria densa e astral. Esse é o derradeiro dia, o dia do juízo final; essa fusão é o retorno do fruto à árvore divina totalmente regenerado e purificado, quando a eternidade do mundo físico deixará de existir na vibração do tempo e espaço.

Quando os seres humanos regenerados, purificados e a sua mente material chegarem nesse estágio em compreensão plena, a personalidade astral que agrega a essência da mente-matéria se fundirá à mente psíquica junto com a personalidade-alma dos seres que passarão a habitar no mundo espiritual, então eles verão a glória divina se manifestar e se unir a eles; pois, após uma longa e árdua viagem na matéria, com muitos momentos de grande tristeza e outros se deliciando em alegria, voltarão a viver como viviam antes de virem habitar na matéria para cumprir uma grande missão.

Esta grande missão atribuída ao homem é o resgate do fruto, ou seja, da consciência do fruto que originou a mente-matéria. Esta batalha é vencida com muito suor e lágrimas, até chegar o dia de louvor e bênção coletiva dos homens; as trombetas do céu lembrarão a todos que as chagas do corpo de Deus foram restauradas e a glória reinará para sempre, agora em um só mundo. Jesus demonstrou isso na sua crucificação pelas chagas do seu corpo, e quando a humanidade se tornar purificada, todos ascenderão ao céu, ou seja, ao reino do Pai que é um estado vibratório no mundo espiritual conhecido como estado vibratório angelical, do qual todos no passado distante saíram para habitar no plano elemental, e então as três moradas do homem – o Inferno, o Purgatório e o Paraíso – também deixarão de existir junto ao plano inferior.

Entretanto, há aqueles que aderiram e se converteram à adoração da mente imperfeita e perversa, obedecendo à energia do mal desde a sua primeira encarnação neste plano material. Além disso, ao longo de suas vidas na Terra, outros seres também se juntaram a eles, escolhendo servir a essa mente perversa e se unindo aos seres impuros que se recusaram a buscar a regeneração pessoal. Mesmo com as forças do bem, utilizando todo o seu poder, mostrando-lhes repetidamente o caminho correto, esses indivíduos tiveram inúmeras oportunidades e várias encarnações para se redimirem. No entanto, eles optaram por não aproveitar essas chances. Como resultado, eles passarão pela verdadeira morte e serão confrontados com o terror do umbral à sua frente. Nesse momento, a mente do plano astral e a própria mente do corpo psíquico, junto com a sua personalidade-alma serão completamente extintas. Esses seres deixarão de existir para sempre, sem possibilidade de retorno.

A energia e as leis que formaram a mente individual de cada um destes seres impuros serão desintegradas, sendo este o pior ato de terror existente no Universo percebido pelo homem, que verá com consciência e sentimento pleno sua própria extinção para sempre, com muito terror e dor mental. Um filme passará na sua mente e eles irão lembrar que tiveram todas as oportunidades de se redimir e de fazer o bem e não o fizeram, usaram seu livre-arbítrio sempre para disseminar o sofrimento e o mal, e esta hora chegou, a cobrança fatal.

A centelha da mente-mãe espiritual desses seres será também desintegrada no final dos tempos, apenas a energia da essência das leis, que formou essas mentes, voltará ao seu estado original e seguirá seu fluxo como ela era antes da formação e sem a memória delas que serão extintas sumariamente, pois a energia e as lembranças do mal que circularam durante toda a existência dessa eternidade pela mente do fruto também serão extintas; a vibração desconecta perversa gerada por essas mentes gravadas em memória não pertencem ao nível superior de consciência. Portanto tudo que elas realizaram em suas existências nada somou na realização do final da eternidade, servindo apenas para circular no meio da existência da matéria para fazer o mal; receberão então a sentença determinada na aliança entre as mentes do mundo espiritual e material.

Apesar do grande sofrimento de todas as criaturas existentes no plano da matéria, dentre elas os próprios seres humanos que fazem parte deste incompreensível sistema físico criado pela inteligência das leis de Deus, incompreensível pela nossa mente objetiva criada por esse sistema, podemos vislumbrar sua criação se despertarmos nosso poder de observação enclausurado em nossa mente interior e transmitido para a interpretação da mente objetiva. Enquanto isso não acontece, os seres persistem e observam inconscientes a sua jornada na matéria, sendo cooperadores pelo fato de existirem como reparadores e responsáveis pela continuidade do retorno desta mente material imperfeita, que originou a manifestação do Universo visível.

O homem foi colocado no Universo como uma célula pensante e única entre todas, e não podemos mensurar a quantidade destas células existentes, com a função de restaurar as chagas de Deus, mesmo porque essa eternidade visível se encontra ainda no início de sua jornada e muito ainda tem que ser feito para restaurar a ruptura ocasionada pelo destaque do fruto da árvore divina.

A chegada do fim dos tempos está muito longe de ser concluída, a obra do mundo da matéria tem muito a realizar para chegar à perfeição. A humanidade tem derramado muitas lágrimas e ainda falta muito trabalho árduo, muito suor e sofrimento, infelizmente. Somos crianças quanto ao despertar para a consciência e a compreensão do conhecimento superior.

O homem tem que estar sempre em vigília de si e buscar o desenvolvimento de suas faculdades perceptivas, e usar a inteligência outorgada a ele para trilhar o caminho de sua existência com menos traumas e sofrimento para alcançar seu objetivo.

A tristeza persegue os seres pela infelicidade do peso que carrega da mente-mãe da matéria, e em parte, este peso foi o homem mesmo que criou desde a sua primeira vida na Terra, por dar preferência e deixar que a sua mente objetiva comande as ações do seu dia a dia, pois a estrutura desta mente objetiva foi criada e constituída pela energia imperfeita da matéria, e o homem carrega esse peso em seu âmago.

Muito do sofrimento da humanidade também se deve ao péssimo comportamento que o homem praticou desde sua primeira reencarnação, e muitos se tornaram demônios vivendo entre os homens de bem.

Não pense que esses demônios se apresentam na sociedade como seres brutos ou monstros com chifres, com uma aparência que demostra a maldade em sua testa ou de outro mundo, não, são seres humanos de fala mansa com o dom da palavra e usando os mesmos princípio do bem para induzir e enganar os outros, e na hora certa dão o golpe fatal para sacrificar indivíduos e nações provocando o sofrimento para multidões, pois eles se satisfazem com a vibração de energia do mal que afaga seu ego e se alimentam na fonte do mal. Eles têm o poder de persuasão da palavra e agem sempre sorrateiramente. A mentira é o seu norte, e eles são hábeis em inverter o mal parecendo ser o bem, mostrando que o mal é o bem, mudando a compressão da ordem das leis universais pelo dom da palavra na maior tranquilidade.

E a outra parte de seres, mesmo não aceitando as diretrizes da mente material no princípio, ao longo do tempo deste mundo acabaram se juntando aos demônios e desenvolveram a maldade por praticarem a soberba, a ganância, a hipocrisia, a luxúria, a avareza, e cultivarem a ira e o ódio contra o próximo. Muitas pessoas não percebem essa maldade e são levadas a crer que são pessoas do bem e acabam ajudando na emissão de energias negativas por pensarem erroneamente, pois o bem-estar se traduz pela vibração emitida pela humanidade, e quando o mal prevalece na mente da maioria, todos sofrem.

A humanidade se ilude quando acha que é guiada e protegida por um ser superior fora da estrutura do corpo do homem; somos células únicas existentes no Universo, e temos que buscar o nosso espaço e o despertar por conta própria, porque ninguém irá resgatar todo o mal que realizamos nesta vida ou em vidas passadas, cada um tem que fazer o seu próprio resgate.

O homem vive na solidão e trilha o caminho com as suas próprias pernas. O máximo que ele pode esperar, enquanto habitar na matéria, é ter alguém ao seu lado para acompanhá-lo, viver em família, socialmente e trocar experiências e obter certo conforto pelas vibrações positivas de muitos, mas logo ali na frente certamente irá se distanciar e seguir em um universo sem limites, sozinho novamente e em busca sempre de sua felicidade.

A humanidade a todo instante está em busca da felicidade, no entanto, ela não existe na forma plena neste plano. O homem de bem tem a certeza de que precisa lutar para despertar e ser útil ao universo em que vive, e este fornece os meios na forma de energia de poder para que o homem crie sua ferramenta e construa sua senda, pois ele é necessário e indispensável no sistema universal. O próprio sistema precisa da energia pulsante de cada célula vivente, caso contrário não teria necessidade de ele existir aqui para sofrer, tenha ele consciência disso ou não.

A pergunta que todos fazem é: por que é assim? Porque esse foi o modelo e a forma que a inteligência adotou no seu plano, criando o processo por intermédio de mentes; criou a mente e atribuiu todo o poder na montagem da criação, dando força às leis que deram continuidade a criação na forma de mente por intermédio de uma energia vibratória contínua e sem fim, originando o mundo superior perfeito, mas, ao mesmo tempo, surgiu o outro mundo mental na forma vibratória em partículas com começo e fim, dependente do tempo e do espaço, onde, para ele existir precisa gerar seu próprio combustível, ou seja, precisa destruir algo para se sustentar, como explicado anteriormente, e é onde estamos habitando agora, num mundo imperfeito, em um planeta girando no espaço numa velocidade extrema, e o homem num corpo frágil com um tempo de validade curto, mas com uma grande missão que é o regate desta mente imperfeita.

    Quando refletimos com nossa mente objetiva na solidão do tempo e na imensidão do espaço e olhamos os nossos familiares, as pessoas que amamos e tudo ao nosso redor que nos envolve, vemos que nem eles viverão eternamente conosco; é quando tomamos consciência da insegurança que nos cerca e somos levados ao sentimento de tristeza, como a saudade dos que já foram e nunca mais soubemos notícias. Então surge o sentimento de que não iremos mais encontrá-los, que fazem parte do passado, e o que nos resta é o vazio da solidão, da saudade que nos leva ao extremo de uma vida incompreensível. Surge então o sentimento do porquê de tanta luta pelo poder, tanto orgulho e apego às coisas da matéria, e até o amor que sentimos pelos nossos familiares, tudo que amamos e num passe de mágica tudo desaparece na nossa frente quando chegar o dia da transição do corpo. Vemos os homens brigarem tanto pelos bens materiais mesmo sabendo que daqui a alguns dias ou anos não irão mais lhes pertencer, pois nada nos pertence, porque o que possuímos hoje são coisas emprestadas pelo sistema, e na transição nada se leva da matéria a não ser o aprendizado e as memórias.

    No entanto, se elevarmos nosso pensamento com sabedoria vemos que esses sentimentos que passam em nossa mente com tanta incerteza se resumem à falta de conhecimento espiritual de nossa parte, porque não entendemos ainda de onde viemos e para onde e qual caminho seguiremos após a transição. Esse entendimento se define pela simples razão de enxergarmos apenas com os olhos da nossa mente objetiva, e com isso vivemos na incerteza, com o coração apertado e triste, mesmo tendo alguns momentos de felicidade e alegria.

Mas quando o homem despertar por intermédio da regeneração de seu ser, compreenderá que a inteligência universal nos uniu eternamente por intermédio da energia das leis e pelo sentimento da mente mental, e assim que purificarmos nossa mente material compreenderemos com clareza essa ligação que existe entre todas as mentes, seja enquanto estivermos num corpo físico ou não, porque quando despertarmos a via da compreensão do todo, nos serviremos da telepatia – que é uma subdivisão da inteligência da mente mental – e poderemos nos comunicar independentemente da distância em que nos encontramos.

Por intermédio desse sentimento sentiremos a presença da pessoa, bem como poderemos também dialogar sem a palavra, mas sim pela via mental que faz parte da nossa formação. Assim a pessoa que desejamos contatar estará sempre ao nosso dispor, porque nosso ser interior é eterno e tem sentimentos que percebem toda a criação de Deus. O homem pode se comunicar sem medo de sistemas que possam tirá-lo do centro em que foi colocado, pois viverá consciente num mundo em que só haverá a glória que não pode descrever em palavras pela observação de sua mente material, enquanto vivermos no mundo comandado pelo tempo e separado pelo espaço, o mundo na forma da vibração em partículas.

Deus idealizou o esqueleto da manifestação no princípio e num modelo vibratório que deu forma à ideia lançada, originando a criação por intermédio de mente, e esta mente foi se construindo e se desdobrando ao longo de sua existência em quantidades de mentes que a percepção humana não pode imaginar por completo, com a qualidade e formas existentes, pois seria o mesmo que conhecer as dimensões do Universo, no caso, a criação do mundo material na fórmula do tempo e espaço e fora de uma realidade pensada no princípio por Deus. Mesmo assim, este mundo teve a proeza de construir seu espaço físico por intermédio do movimento inteligente construído pelas leis emitidas por Deus no princípio, dando forma e consistência visível a sua criação. Mesmo sendo imperfeita, foi uma grande e maravilhosa criação, que Ele mantém até hoje e a manterá por muito tempo ainda, que deixou e deixa a mente humana maravilhada por tudo de belo que a natureza produziu e proporciona aos olhos do homem, que não deixa de ser a extensão da beleza dos olhos da inteligência de Deus.

    O homem olha para o céu e vê a maravilha que é um Universo físico, um mundo complexo e infinito formado pela Via Láctea, galáxias, estrelas e astros girando por si, um em torno do outro numa forma organizada. Ao menos parte deste universo se encontra assim e outra parte em ebulição. Foram criados o mundo mineral e as adversidades das suas produções que representam o solo de onde sai o néctar que sustenta e mantém todos os corpos vivos, surgindo os vegetais com sua floresta, exercendo um grande papel na manutenção das criações do planeta, com a vegetação e as flores que ressaltam o brilho de nossos olhos, uma maravilha por tudo que esse reino proporciona, a grandeza dos mares e a água doce, o ar que respiramos.

E o que dizer do ecossistema, da vida dos seres inferiores com suas criações, sem palavras para descrever as belezas de todo sistema vivo que eles representam, com inteligência e equilíbrio em nosso planeta, para completar as maravilhas da criação, surgindo o homem com a semelhança da manifestação do próprio Deus que representa a extensão do pensamento do criador. Enfim, um mundo maravilhoso que tira nossa respiração quando detalhamos o todo criado no mundo material, que apesar de tão belo e maravilhoso, um dia deixará de existir.

Assim terminará a mente do tempo, o grande feito da mente consciência da matéria e de todas as produções geradas pelo mundo elemental desta eternidade visível, um acontecimento consciente que não deixará rastro de saber em sua plenitude nas faculdades perceptivas do homem vivendo na Terra. Ao mesmo tempo, foi uma necessidade iminente despertada pela vontade do desejo da inteligência de Deus em se manifestar além da unidade, ocasionando deste desejo o surgimento do fruto, algo que não estava na ideia inicial de Deus com uma consciência geradora de si.

A consciência do fruto certamente não deixará saudade nem sentimento de piedade ao mundo superior, este sim uma consciência perfeita proporcionada pelo Criador. Mas, a consciência dos seres, que viveram este grande período na matéria como humanos e que tiveram a maestria de transformar a matéria imperfeita e perversa em uma consciência purificada e sã, terá os melhores afagos da consciência Crística.

Deus, com seu glorioso corpo, certamente há de florar em alegria e louvor em receber de volta em seu seio com ternura e reconhecimento o retorno desta emanação de seres, porque por força das circunstâncias já mencionadas a mente perversa agora purificada se uniu novamente ao seio espiritual, sã e salva do sofrimento e livre da tristeza do tempo e do mal que aprisionava tudo em si pelo fato de poder subsistir por conta própria e cumprir um propósito.

E este mal a perseguiu desde o princípio por ela ter perdido a ligação direta com o Divino e tendo apenas a sabedoria proporcionada pelo conhecimento das leis primordiais, e por essa mente ter surgido no momento da efervescência simbolizado pelo destaque do fruto, quando foi outorgada a ela apenas a inteligência limitada da mente-mãe material; no entanto, agora resgatada pela mente interior do homem, uma mente que saiu da consciência dos seres angelicais que se transformaram em humanos com um poder grandioso, infinito e, agora sim, com lágrimas de alegria, vendo sua missão cumprida.

Deus, o homem e a natureza formam o tripé da existência do todo. Quanto à mente espiritual, haverá a desintegração de si?

Amém!